Entwicklung neuer Ansätze zum nachhaltigen Planen und Bauen

Entwicklung neuer Ansätze zum nachhaltigen Planen und Bauen

Deutschland hat sich zum Ziel gesetzt, dass bis zur Mitte des 21. Jh. der Gebäudebestand, der durch Herstellung und Nutzung für einen Großteil aller Treibhausgasemissionen ursächlich ist, nahezu klimaneutral sein soll. Aber auch die Schonung vorhandener Ressourcen, das Schaffen einer circular economy und die Verankerung der Prinzipien Effizienz, Konsistenz und Suffizienz beim Planen, Errichten, Nutzen und Zurückbauen unserer bebauten Umwelt sind der Anspruch, dem die Akteure des Bauwesens gerecht werden müssen.

Wichtige Projektentscheidungen werden häufig nicht auf Basis der zu erwartenden Nachhaltigkeit getroffen, sondern zumeist auf Basis ökonomischer Gesichtspunkte (Herstellkosten). Es gilt, alle Beteiligten zu sensibilisieren, dass das in der Herstellung günstigste Bauwerk selten das wirtschaftlichste oder gar nachhaltigste ist, betrachtet man den gesamten Lebenszyklus. Es ist also sinnvoll, die Nachhaltigkeit von Bauwerken nicht nur zu dokumentieren, sondern wichtige Entscheidungen auf Basis der Nachhaltigkeit zu treffen.

Diese Buchreihe stellt neue Erkenntnisse der angewandten Wissenschaften und Praxis vor, die dazu beitragen sollen, Veränderungen im Markt aufzuzeigen und zu begleiten, hin zu einer nachhaltigen Bauwirtschaft.

Lena Jourdan

Schwammstadt-Konzept

Einflussmöglichkeiten für ein
nachhaltigeres Wohnquartier

Lena Jourdan
Karlsruhe, Deutschland

ISSN 2948-1007   ISSN 2948-1015   (electronic)
Entwicklung neuer Ansätze zum nachhaltigen Planen und Bauen
ISBN 978-3-658-48365-4   ISBN 978-3-658-48366-1   (eBook)
https://doi.org/10.1007/978-3-658-48366-1

Die Deutsche Nationalbibliothek verzeichnet diese Publikation in der Deutschen Nationalbibliografie; detaillierte bibliografische Daten sind im Internet über https://portal.dnb.de abrufbar.

Springer Vieweg ist ein Imprint der eingetragenen Gesellschaft Springer Fachmedien Wiesbaden GmbH und ist ein Teil von Springer Nature.
Die Anschrift der Gesellschaft ist: Abraham-Lincoln-Str. 46, 65189 Wiesbaden, Germany

Wenn Sie dieses Produkt entsorgen, geben Sie das Papier bitte zum Recycling.

Kurzfassung

Die Folgen des Klimawandels erhöhen die Wahrscheinlichkeit häufiger Extremwetterereignisse. Neben der Zunahme von Starkregen und den damit potenziell verbundenen Hochwasserereignissen nehmen auch die Auswirkungen von Hitze- und Dürreperioden zu. Dabei kann die starke Versiegelung der Städte diese Effekte verstärken. Um die Auswirkungen in Städten zu mildern, können Maßnahmen in den Bereichen Wasser und Begrünung einen wichtigen Beitrag zur Klimavorsorge und zur Stärkung der städtischen Resilienz leisten. Das Schwammstadt-Konzept kann dazu beitragen, sich dem natürlichen Wasserkreislauf in Städten anzunähern, indem es das anfallende Niederschlagswasser nicht über die Kanalisation abführt, sondern lokal im Boden speichert oder dem Wasserhaushalt zurückführt. Um die Vorteile der Schwammstadt flächendeckend und effizient in Städten zu nutzen, müssen insbesondere diejenigen, die Flächen besitzen, entsprechende Maßnahmen ergreifen.

Die vorliegende Bachelorarbeit beschäftigt sich mit der Erhöhung der Integration des Schwammstadt-Konzepts in die private Bauwirtschaft und der Entwicklung einer Entscheidungshilfe zur Auswahl geeigneter Maßnahmen. Mit Hilfe von Datenanalysen und Interviews soll die Frage beantwortet werden, wie die Integration des Konzepts der Schwammstadt in der privaten Bauwirtschaft erhöht werden kann.

Zur Beantwortung der Forschungsfrage werden bestehende Maßnahmen des Konzepts analysiert und deren Voraussetzungen zur Umsetzung sowie deren Auswirkungen betrachtet. Dazu werden mithilfe von Interviews praxisnahe und auf die private Bauwirtschaft ausgelegte Voraussetzungen und Effekte identifiziert. Basierend auf den Analyseergebnissen und den Interviewauswertungen wird eine Entscheidungshilfe entwickelt. Diese ermöglicht es, unter Berücksichtigung der lokalen Gegebenheiten und der priorisierten Effekte geeignete Maßnahmen für das jeweilige Bauvorhaben auszuwählen.

Die wesentliche Erkenntnis dieser Arbeit ist, dass Planungshilfen wie die hier entwickelte Entscheidungshilfe, ein nützliches Instrument zur Förderung der Integration des Schwammstadt-Konzepts in der privaten Bauwirtschaft darstellen können. Die Entscheidungshilfe trägt durch ihre systematische Bewertung der Maßnahmen und die strukturierte

Berücksichtigung der relevanten Faktoren einen wesentlichen Beitrag zur erfolgreichen Integration des Schwammstadt-Konzepts in der privaten Bauwirtschaft bei. Die vorliegende Arbeit schafft somit eine nützliche Grundlage zur Förderung der Integration des Schwammstadt-Konzepts.

Inhaltsverzeichnis

Abkürzungsverzeichnis

DWA   Deutsche Vereinigung für Wasserwirtschaft, Abwasser und Abfall e. V.
FLL   Forschungsgesellschaft Landschaftsentwicklung Landschaftsbau e. V.
IRWM   Integriertes Regenwassermanagement
KURAS   Konzepte für urbane Regenwasserbewirtschaftung und Abwassersysteme
WG   Wassergesetz von Baden-Württemberg
WHG   Wasserhaushaltsgesetz
WRRL   Wasserrahmenrichtlinie

Abbildungsverzeichnis

Tabellenverzeichnis

Einleitung

1.1 Veranlassung

Die Auswirkungen des Klimawandels können zu häufigeren Extremwetterereignissen führen. Dabei erhöht laut den Erkenntnissen der Studie *„Rapid attribution of heavy rainfall events leading to the severe flooding in Western Europe during July 2021"* der Klimawandel die Häufigkeit der Starkregenereignisse und somit auch die Gefahr von Hochwasser und Überschwemmungen. [1]

In Baden-Württemberg hat der Jahresniederschlag seit der Aufzeichnung von belastbaren Niederschlagswerten im Jahr 1881 um 9 % zugenommen. Die Winterniederschläge zwischen den Monaten Dezember und Februar sind hierbei um 32 % gestiegen. [2]

Neben der Erhöhung der Starkregenereignisse werden die Probleme durch Hitze und Dürren ebenfalls verstärkt. In den letzten 30 Jahren stiegen die Temperaturen in Europa doppelt so schnell an wie der globale Durchschnitt. [3]

Der Sommer 2024 war der wärmste seit Beginn der Wetteraufzeichnungen. Die Durchschnittstemperaturen der Sommermonate lagen dabei um 0,69 Grad Celsius über den Vergleichswerten. [4]

Um die Auswirkungen auf Städte zu mildern, können die Themen Wasser und Begrünung einen wichtigen Beitrag zur Klimavorsorge leisten. Hierzu sind intensive Begrünungen der Städte und der Gebäude, ebenso wie eine Anpassung des Regenwassermanagements an den natürlichen Wasserhaushalt essenziell. Durch die oben beschriebenen Auswirkungen des Klimawandels wird es zunehmend wichtiger, das Niederschlagswasser direkt vor Ort dem Wasserhaushalt zurückzuführen und diesen zu erhalten. [5]

Die großflächige Versiegelung der Böden, vor allem in Städten, führt zu einer Erhöhung der Lufttemperatur und zu einer Reduzierung des Grundwasserspiegels. Das ankommende Regenwasser wird dabei auf den versiegelten Flächen über die Kanalisation

L. Jourdan, *Schwammstadt-Konzept*, Entwicklung neuer Ansätze zum nachhaltigen Planen und Bauen, https://doi.org/10.1007/978-3-658-48366-1_1

abgeleitet. Somit können nur geringe Mengen des Wassers verdunsten oder in den Boden versickern. [6]

Das Regenwasser wird nach wie vor größtenteils über die Kanalisation abgeleitet [7]. Dazu wird es entweder in Mischwasserkanälen zusammen mit dem Abwasser zu den Kläranlagen oder in einem Regenwasserkanal getrennt vom Abwasser zu einem Vorfluter geleitet [8]. Durch die vermehrten und starken Niederschlagsereignisse sind die Kanalsysteme oft stark beansprucht und erreichen ihre Grenzen [9]. Nach Einschätzungen von Experten kann es in der Zukunft in Intervallen von wenigen Jahren zu sogenannten „Jahrhundertregenereignissen" kommen. Die Notwendigkeit resilienter Städte und Quartiere gegenüber starker Wetterereignisse wird in den kommenden Jahren immer relevanter. [10]

Durch die direkte Ableitung des Wassers über die Kanalisation fehlt zum einen das ankommende Niederschlagswasser vor Ort, wodurch die Böden schneller austrocknen, die Pflanzen zu wenig Wasser erhalten und die Neubildung des Grundwassers gering ist. Zum anderen kann die Kanalisation bei Starkregen schneller überlastet werden, wodurch mehr Überflutungen in den Städten entstehen können. Eine dezentrale Regenwasserbewirtschaftung und eine Anpassung an den natürlichen Wasserhaushalt entlastet nicht nur die Kanalisation und senkt somit das Überflutungsrisiko, sondern stärkt auch die Neubildung des Grundwassers und den natürlichen Wasserhaushalt. [8]

Das Phänomen des Hitzeinseleffekts bezeichnet die deutlich höheren Temperaturen in Städten im Vergleich zu ländlichen Gebieten [11]. Dabei ist vor allem die Anzahl der Tropennächte, bei denen die Temperaturen in der Nacht nicht unter 20 Grad Celsius fallen, in Städten erhöht. Im Vergleich von Städten zum Umland kann es zu Temperaturunterschieden von bis zu 10 Grad Celsius kommen. [12]

Die intensive Versiegelung von Flächen in Städten, kombiniert mit unzureichender Begrünung und aufheizender Bebauung, verstärkt diesen Effekt. In hochverdichteten und versiegelten Städten bieten Fassaden und Dächer viel Potenzial und Platz für Begrünung. [11]

Durch die Verdunstung vor Ort kann die nachhaltige Regenwasserbewirtschaftung auch zum Hitzeschutz in Städten beitragen [8].

Das Konzept, sich in Städten an den natürlichen Wasserkreislauf anzunähern, indem das anfallende Niederschlagswasser nicht über die Kanalisation abgeleitet, sondern lokal im Boden aufgenommen wird, wird als Schwammstadt-Konzept oder „Sponge City" bezeichnet. Durch verschiedene Maßnahmen des Regenwassermanagements und der Bauwerksbegrünung kann das Wasser aufgenommen und gespeichert werden und somit im natürlichen und lokalen Wasserkreislauf verbleiben. [13]

Um die Vorteile der Schwammstadt flächendeckend und effizient in Städten nutzen zu können, müssen vor allem diejenigen, die über eine Fläche verfügen, Maßnahmen umsetzen. Dies ist neben Kommunen und den öffentlichen Behörden auch die private Bauwirtschaft mit Immobilienbesitzern, Bauträgern, Unternehmen und Gewerbe. Damit das Konzept der Schwammstadt Realität wird, ist es notwendig, dass alle Akteure zusammenarbeiten und planen. [8]

Laut der Deutschen Vereinigung für Wasserwirtschaft, Abwasser und Abfall e. V. (DWA) gibt es in den Bereichen Regenwassermanagement, sowie Hitzeanpassungen und Überflutungsprävention in Deutschland noch viel Spielraum zur Verbesserung [5]. Auch der BUND-Berlin beschreibt am Beispiel Berlin, dass hinsichtlich des dezentralen Regenwassermanagements und der Gebäudebegrünung noch wenig Maßnahmen umgesetzt werden [13]. In Deutschland wurden im Jahr 2021 nur 10 % der Dachflächen von Neubauten begrünt [14]. Die Bodenversiegelung der Siedlungs- und Verkehrsflächen betrug im Jahr 2022 45,1 % [15]. Die umgesetzten Maßnahmen der Landesregierung haben nur wenig zum Konzept der Schwammstadt beigetragen. Um die Städte gegenüber dem Klimawandel und extremen Wetterereignissen resilienter zu gestalten, muss noch viel getan werden. [13]

1.2   Zielsetzung

Im Rahmen der Bachelorarbeit wird eine Entscheidungshilfe erarbeitet, mit der die Umsetzung des Schwammstadt-Konzepts in der privaten Bauwirtschaft erhöht werden kann. Um eine praxisnahe Entscheidungshilfe zu entwickeln, werden Leitfadeninterviews durchgeführt. Die am Ende der Arbeit zu beantwortende Forschungsfrage lautet: *„Wie kann die Integration des Konzepts der Schwammstadt in der privaten Bauwirtschaft erhöht werden?"*

Um diese Forschungsfrage zu beantworten, werden drei Teilziele definiert, die im Folgenden vorgestellt werden.

1. **Analyse möglicher Maßnahmen des Schwammstadt-Konzepts für ein Wohnquartier**

   Zuerst werden spezifische Möglichkeiten und Maßnahmen des Konzeptes bezogen auf ein Wohnquartier mithilfe einer Literaturrecherche analysiert. Dabei werden unter anderem die lokalen Voraussetzungen zur Umsetzung der Maßnahmen und deren Auswirkungen untersucht. Die Analyse unterstützt die Entwicklung der Entscheidungshilfe für die Integration des Schwammstadt-Konzepts.

2. **Identifizierung praxisnaher Voraussetzungen und Effekte**

   Um die Anforderungen und Effekte des Schwammstadt-Konzepts gezielt auf die private Bauwirtschaft abzustimmen, werden Leitfadeninterviews durchgeführt. Ziel dieser Interviews ist es, praxisnahe Voraussetzungen und Effekte zu identifizieren, die für die Umsetzung der Maßnahmen in der privaten Bauwirtschaft entscheidend sind. Diese Erkenntnisse fließen in die Bewertung der Maßnahmen ein und ermöglichen eine realistische, auf die private Bauwirtschaft abgestimmte Entscheidungshilfe.

3. **Entwicklung einer Entscheidungshilfe zur Auswahl geeigneter Maßnahmen**

   Basierend auf der Analyse und den Interviews wird eine Entscheidungshilfe entwickelt, die es ermöglicht, geeignete Maßnahmen für das jeweilige Bauvorhaben auszuwählen.

Diese soll Bauherren und Planern in der privaten Bauwirtschaft dabei unterstützen, das Schwammstadt-Konzept erfolgreich umzusetzen, um die nachhaltige Entwicklung von Wohnquartieren zu fördern und somit die Integration des Konzepts zu steigern.

1.3 Vorgehensweise

Zuerst werden die Veranlassung sowie die Zielsetzung dieser Arbeit erläutert. Ebenso wird eine Abgrenzung vorgenommen.

In den theoretischen Grundlagen wird der Wasserhaushalt, das dezentrale Regenwassermanagement und die Bauwerksbegrünung sowie das Konzept der Schwammstadt vorgestellt.

Im Rahmen der Forschungsarbeit werden die bestehenden Maßnahmen des Schwammstadt-Konzepts analysiert. Dabei werden die lokalen Voraussetzungen und die Auswirkungen der Maßnahmen erarbeitet und zusammenfassend dargestellt.

Im Anschluss wird der aktuelle Stand der Technik und der Forschung in Kap. 4 analysiert. Dabei werden wichtige Gesetze, Richtlinien und aktuelle Regelwerke in Bezug auf das Regenwassermanagement und die Bauwerksbegrünung betrachtet. Am Ende erfolgt die Auswertung relevanter wissenschaftlicher Veröffentlichungen, um die gewonnenen Erkenntnisse in der weiteren Arbeit einzubeziehen.

Nachfolgend wird in Kap. 5 eine Entscheidungshilfe entwickelt. Hierzu wird im ersten Schritt die Methodik vorgestellt. Anhand der Interviews mit Personen aus der Baubranche werden die auf die Bedürfnisse der privaten Bauwirtschaft ausgelegten Voraussetzungen und Effekte identifiziert, sodass die praxisnahe Bewertung der Kriterien eine realistische Planungshilfe ermöglicht. Die Interviews werden im nächsten Schritt ausgewertet. Anhand dieser Ergebnisse und der Analyse der Maßnahmen sowie der gewonnenen Erkenntnisse aus Kap. 4 wird eine Entscheidungshilfe erarbeitet, mit welcher geeignete Maßnahmen unter Berücksichtigung der Gegebenheiten des Grundstücks und der priorisierten Effekte ausgewählt werden können. Die Entscheidungshilfe dient der Erarbeitung von relevanten Aspekten zur Förderung des Schwammstadt-Konzepts in der private Bauwirtschaft.

Am Ende der Arbeit werden die Ergebnisse zusammengefasst und die Forschungsfrage beantwortet. Ebenso wird ein Ausblick für zukünftige Maßnahmen aufgezeigt. Das Ablaufdiagramm der Arbeit ist in der Abb. 1.1 dargestellt.

1.4 Abgrenzung

Die Bachelorarbeit befasst sich ausschließlich mit der Integration des Schwammstadt-Konzepts in der privaten Bauwirtschaft. Die Themen „Regeneratives Wassermanagement" und „Bauwerksbegrünung" werden im weiteren Verlauf unter dem Begriff des

Schwammstadt-Konzepts betrachtet. Der ganzheitliche Ansatz dieses Konzepts integriert sowohl das Wassermanagement als auch die Bauwerksbegrünung.

Die Arbeit beschränkt sich dabei auf Maßnahmen für die private Bauwirtschaft, insbesondere auf den Neubau von Wohnquartieren. Maßnahmen für Bestandsgebäude werden nicht betrachtet. In der vorliegenden Arbeit werden sowohl Maßnahmen auf Gebäude- als auch auf Quartiersebene betrachtet. Maßnahmen, die die Kanaleinzugsebene betreffen, wie die Wasserreinigung oder Regenrückhaltebecken, werden jedoch nicht analysiert.

Im Zuge der Analyse des Stands der Technik werden verschiedene Gesetze, Richtlinien und Verordnungen betrachtet. Dazu werden speziell Leitfäden und Richtlinien des Landes Baden-Württemberg und der Stadt Karlsruhe analysiert. Vorgaben anderer Bundesländer oder Städte werden nicht erläutert. Ebenso gibt es zu den Themen der Regenwasserbewirtschaftung und Bauwerksbegrünung weitere Normen, welche nicht näher untersucht werden.

Die Analyse der Maßnahmen konzentriert sich auf Maßnahmen der Regenwasserbewirtschaftung außerhalb des Gebäudes und der Bauwerksbegrünung. Technische Lösungen der Regenwassernutzung, wie die Grauwasseraufbereitung und die Regenwassernutzung für Zwecke innerhalb der Gebäude, werden aus Gründen des Umfangs nicht analysiert.

Die Umsetzung beziehungsweise Ausführung der Maßnahmen findet in dieser Arbeit keine Berücksichtigung. Der Schwerpunkt der Arbeit liegt hingegen auf einer allgemeinen Analyse der Potenziale, die das Konzept der Schwammstadt für die private Bauwirtschaft bietet. Dabei werden die Kosten der Maßnahmen sowie deren unterschiedliche Umsetzungsvarianten nicht detailliert aufgeschlüsselt, sondern in einem Kostenrahmen angegeben.

Die entwickelte Entscheidungshilfe wird am Beispiel eines Neubau-Wohnquartiers angewendet. Die anschließende Reflexion der Entscheidungshilfe ist ebenfalls auf diese Anwendung bezogen.

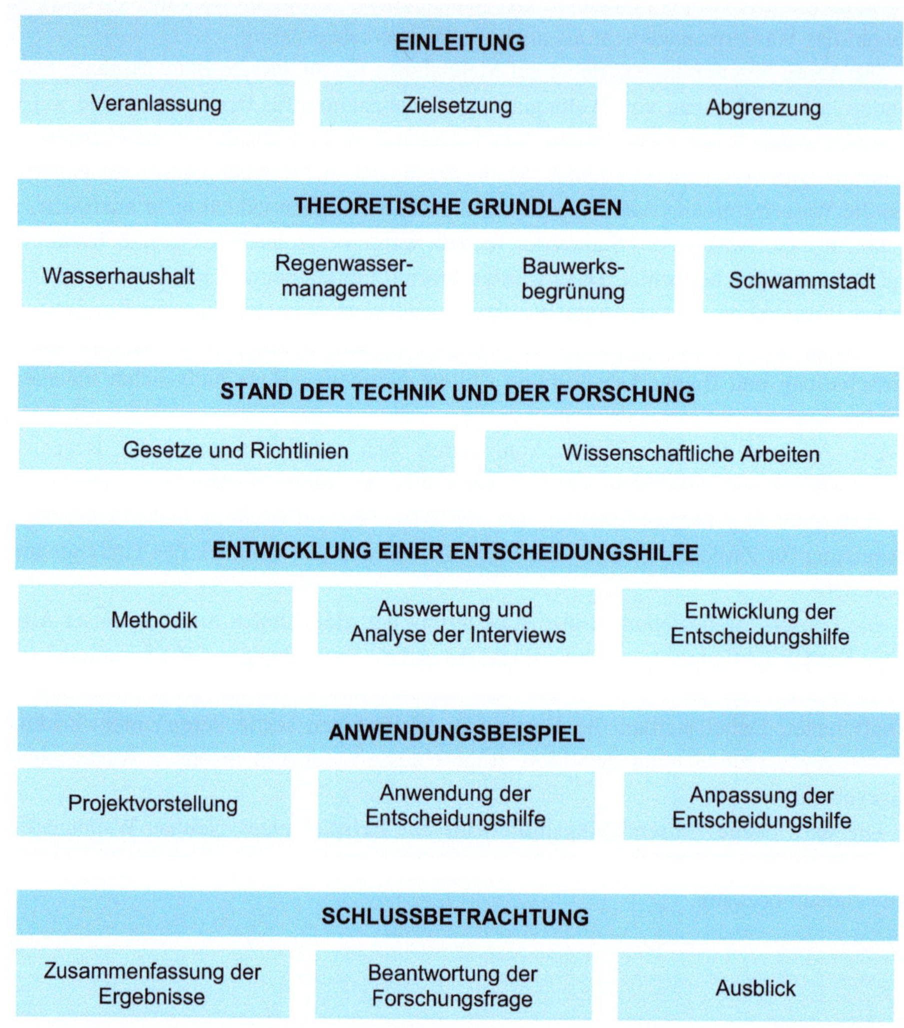

Abb. 1.1 Abflussdiagramm der Arbeit

Literatur

1. *Kreienkamp, F.e.a.:* Rapid attribution of heavy rainfall events leading to the severe flooding in Western Europe during July 2021, https://www.worldweatherattribution.org/wp-content/uploads/Scientific-report-Western-Europe-floods-2021-attribution.pdf [Zugriff am: 10.09.2024].
2. *LUBW Landesanstalt für Umwelt Baden-Württemberg:* FAQ – Urbanes Wassermanagement – Häufige Fragen zu Klimawandel und Klimaanpassung, 2023.

3. *Statista Research Department:* Klimakrise in Europa: Hitzewellen und Dürren, https://de.statista.com/themen/10571/hitze-und-duerre-in-europa/ [Zugriff am: 10.09.2024].

4. *ARD-aktuell / tagesschau.de:* Heißester Sommer seit Aufzeichnungsbeginn, https://www.tagesschau.de/wissen/klima/sommer-hoechststand-temperatur-100.html [Zugriff am: 10.09.2024].

5. *Deutsche Vereinigung für Wasserwirtschaft, Abwasser und Abfall e. V.:* Positionspapier Wasserbewusste Entwicklung unserer Städte Ausgabe April 2021.

6. *Umweltbundesamt UBA:* Bebauung und Versiegelung, https://www.umweltbundesamt.de/themen/boden-flaeche/bodenbelastungen/bebauung-versiegelung [Zugriff am: 05.07.2024].

7. *Fuchs-Hanusch, D.; Regelsberger, M.; Schwarzfurtner, K. et al.:* Wasserhaushalt in der Stadt: Den Wald als Vorbild nehmen – Daniela Fuchs-Hanusch (TU Graz), Martin Regelsberger (Technisches Büro für Kulturtechnik), Katharina Schwarzfurtner und Lisa Waldschütz (Universität für Bodenkultur Wien). Climate Change Centre Austria, https://at.scientists4future.org/2022/03/16/wasserhaushalt-in-der-stadt/ [Zugriff am: 05.07.2024].

8. *BDEW-Bundesverband der Energie- und Wasserwirtschaft e.V.:* Das Schwammstadtkonzept macht unsere Städte resilienter – Der BDEW im Interview mit Dr. Darla Nickel, Leiterin der Berliner Regenwasseragentur, https://www.bdew.de/service/publikationen/das-schwammstadtkonzept-macht-unsere-staedte-resilienter/ [Zugriff am: 05.07.2024].

9. *Umweltbundesamt GmbH Österreich:* Nachhaltiges Regenwassermanagement – Was tun mit dem Regenwasser?, https://www.klimawandelanpassung.at/newsletter/kwa-nl21/kwa-nachhregenwassermanagement [Zugriff am: 05.07.2024].

10. *Hein, T.:* SCHWAMM DRUNTER – Ein Beitrag aus ALBERT Nr. 9 "Wasser", https://www.einsteinfoundation.de/einblicke/albert/albert-nr-9-wasser/schwamm-drunter [Zugriff am: 05.07.2024].

11. *Umweltbundesamt UBA:* Hitze in der Innenstadt: mehr Bäume und Schatten nötig. Umweltbundesamt UBA, https://www.umweltbundesamt.de/presse/pressemitteilungen/hitze-in-der-innenstadt-mehr-baeume-schatten-noetig [Zugriff am: 05.07.2024].

12. *Deutscher Wetterdienst:* Stadtklima – die städtische Wärmeinsel, https://www.dwd.de/DE/forschung/klima_umwelt/klimawirk/stadtpl/projekt_warmeinseln/projekt_waermeinseln_node.html [Zugriff am: 10.09.2024].

13. *Bund für Umwelt und Naturschutz Deutschland e.V.:* Schwammstadt – Dezentrale Regenwasserbewirtschaftung, https://www.bund-berlin.de/themen/stadtnatur/stadtwasser/schwammstadt/ [Zugriff am: 05.07.2024].

14. *Puttkamer, L.:* Schwammstädte trotzen dem Klimawandel – Wassermangel in heißen Sommern zwingt immer mehr Städte zu innovativen Antworten: eine liefert das Prinzip des Schwamms., https://www.deutschland.de/de/topic/wissen/schwammstaedte-antwort-auf-wassermangel [Zugriff am: 10.09.2024].

15. *Umweltbundesamt:* Bodenversiegelung, https://www.umweltbundesamt.de/daten/flaeche-boden-land-oekosysteme/boden/bodenversiegelung#was-ist-bodenversiegelung [Zugriff am: 10.09.2024].

2.1 Wasserhaushalt

2.1.1 Natürlicher Wasserhaushalt

Als Hydrosphäre werden alle ober- sowie unterirdischen Wasservorkommen bezeichnet. Dazu gehören Flüsse, Seen, Feuchtgebiete ebenso wie Gletschereis, Schnee und Grundwasser [1].

Der Wasserhaushalt wird durch das Zusammenspiel der einzelnen Komponenten des Wasserkreislaufs und deren zugehöriger Beiträge, der Wasserbilanz beschrieben. Die wichtigsten Komponenten hierbei sind Niederschlag, Verdunstung sowie Abfluss und Speicheränderungen. Es können regionale Unterschiede in der Verfügbarkeit des Wassers durch die unterschiedliche Verteilung der Komponenten entstehen [2].

Beim globalen Wasserkreislauf (siehe Abb. 2.1) bewegt sich das Wasser auf der Erde in einem ständigen Kreislauf aus Verdunstung, Niederschlag und Abfluss. Angetrieben wird der Kreislauf durch die Sonneneinstrahlung, welche die Verdunstung fördert und die Gravitation, die den Niederschlag und den Abfluss antreibt. Im globalen Wasserkreislauf entspricht die Menge des verdunsteten Wassers der des Niederschlags, allerdings ist die Verdunstung über Landflächen geringer als der dort fallende Niederschlag. Auf dem Meer ist dies genau andersherum. [1]

Über dem Meer sowie auf dem Land verdunstet das Wasser. Aus dem Wasserdampf entstehen Wolken, welche später in Form von Niederschlagswasser auf das Land zurückkommen [3].

Bei der Interzeption wird das Wasser von der Vegetation zurückgehalten und verdunstet entweder direkt oder wird nach und nach in den Erdboden abgegeben. Die Infiltration des Bodens hängt vor allem von der Aufnahmefähigkeit und der Durchlässigkeit ab. Dringt

L. Jourdan, *Schwammstadt-Konzept*, Entwicklung neuer Ansätze zum nachhaltigen Planen und Bauen, https://doi.org/10.1007/978-3-658-48366-1_2

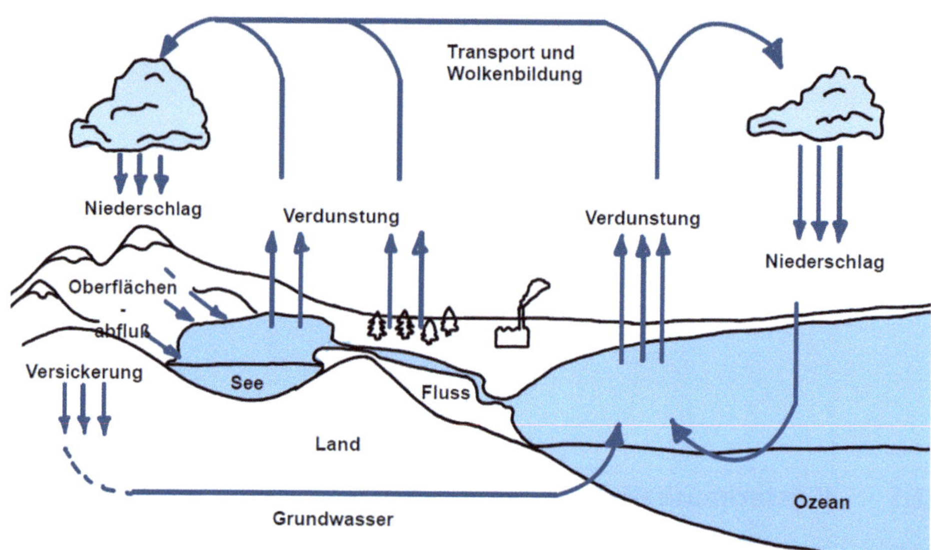

Abb. 2.1 Wasserkreislauf der Erde (in Anlehnung an [2, 4])

das Wasser tiefer in den Boden ein gelangt es zum Grundwasser. Ist die Menge des anfallenden Wassers größer als die Infiltration des Bodens kommt es an der Oberfläche zu
einem Abfließen des Wassers in den nächsten Vorfluter, meist ein Bachlauf oder Fluss.
Der Oberflächenabfluss hängt im Wesentlichen von der Dauer und der Intensität des Niederschlages sowie des Gefälles der Oberfläche und des Infiltrationsvermögens der Böden
ab [4].

Die Wasserbilanz, auch Wasserhaushaltsgleichung genannt, erfasst die einzelnen Komponenten des Wasserkreislaufs und deren Änderungen. Sie setzt sich zusammen aus dem
Niederschlag abzüglich der Verdunstung und der Veränderungen in den verschiedenen
Wasserspeichern [5].

2.1.2 Urbaner Wasserhaushalt

Durch die Urbanisierung und die Entwicklung von Wohn- und Gewerbegebiet hat die
Flächenversiegelung weltweit stark zugenommen. Es werden immer öfter bestehende
Siedlungsgebiete nachverdichtet und ausgeweitet [6].

Durchschnittlich steigt die Siedlungs- und Verkehrsfläche circa 56 Hektar pro Tag,
insgesamt sind es circa 5,2 Mio. Hektar. Von dieser Fläche sind in etwa 45,1 % versiegelt
[7].

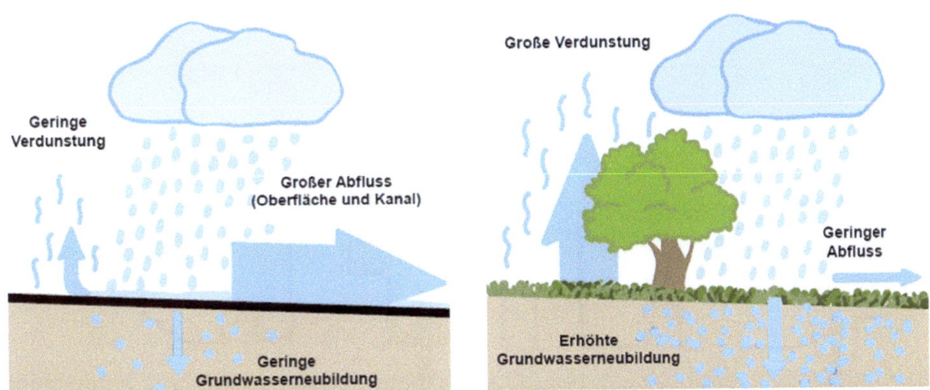

Abb. 2.2 Urbaner (links) vs. natürlicher (rechts) Wasserhaushalt (in Anlehnung an [6])

Das anfallende Wasser auf den versiegelten Flächen wird über die Kanalisation in Misch- oder Trennsysteme entwässert. Dadurch entstehen hohe Abflussspitzen und große Abflussvolumen [6].

Wie in Abb. 2.2 zu sehen, wird der natürliche Wasserhaushalt durch die Versiegelung des Bodens durch die Infrastruktur und der Bebauung gestört. Das anfallende Niederschlagswasser kann nicht mehr versickern, sondern wird über die Kanalisation abgeleitet. Somit fehlt das Wasser an Ort und Stelle für das Ökosystem und die Vegetation [3].

Ebenfalls führt dies zu einer reduzierten Neubildung von Grundwasser und einer Reduzierung der Verdunstung [6].

Je dichter und stärker die Bebauung einer Stadt, und somit auch die Versiegelung, desto niedriger wird die Verdunstung und desto höher wird die Abflussrate [6].

2.2 Dezentrales Regenwassermanagement

Das dezentrale Regenwassermanagement ist eine Kombination aus verschiedenen Maßnahmen der naturnahen Bewirtschaftung des Regenwassers [8]. Das Regenwassermanagement versucht mit den Maßnahmen der Versickerung, Verdunstung, Speicherung und der Nutzung des Wassers den naturnahen Wasserkreislauf zu unterstützen [9]. Die Maßnahmen können, wie in Abb. 2.3 zu sehen, in einem Gebiet miteinander kombiniert werden und ebenfalls zusätzlich zur konventionellen Regenwasserableitung über die Kanalisation ausgeführt werden [8].

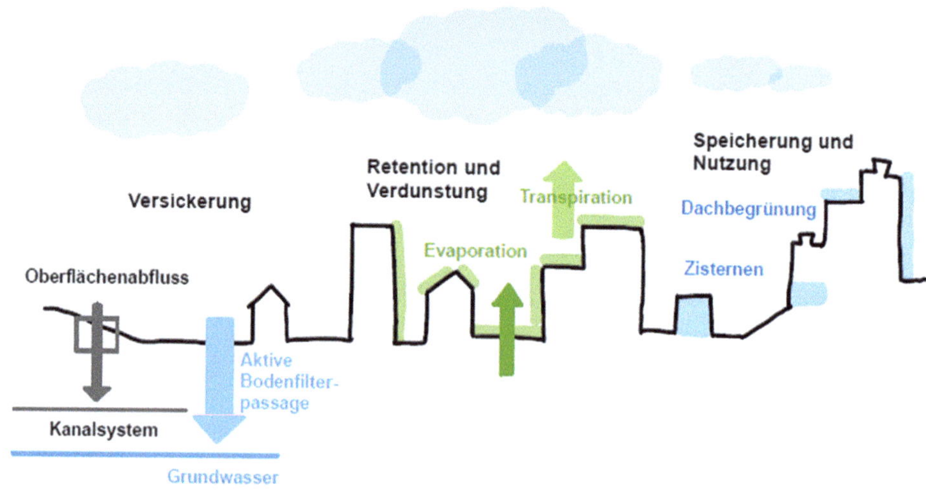

Abb. 2.3 Regenwassermanagement Maßnahmen (in Anlehnung an [9])

2.2.1 Versickerung

Durch die Regenwasserversickerung an Oberflächen kann das Wasser im natürlichen Wasserkreislauf verbleiben und zum Grundwasser gelangen. Die Versickerung kann sowohl in der Fläche als auch am Gebäude gestaltet werden.

Bei der Flächenversickerung gelangt das Regenwasser über offenporige Oberflächen in den Boden. Die Oberflächen können entweder naturbelassene Grünflächen oder befestigte Flächen mit durchlässigen Materialien sein. Die Flächenversickerung nähert sich der natürlichen Versickerung am stärksten an [9].

Aus diesem Grund ist die Entsiegelung der Flächen mit versickerungsfähigen Materialien auf ein Maximum zu erhöhen [8]. Im Gegensatz zur direkten Versickerung wird bei der Retentionsraumversickerung das Wasser in Vertiefungen wie in Teiche oder Gräben gespeichert. Bei einem hohen Wasserstand der Becken kann das Wasser über eine Fläche neben den Retentionsräumen in den Boden versickern. Bei der **Muldenversickerung** handelt es sich um Vertiefungen, so genannte Mulden, in die das Wasser zugeführt wird und nach kurzer Speicherung langsam versickert. Das Wasser versickert bei der **Rigolenversickerung** unterirdisch in perforierten Rohren. Durch die Verlagerung unter die Oberfläche kann die darüber liegende Fläche frei genutzt werden. Eine Kombination aus beiden Systemen wird **Mulden-Rigolenversickerung** genannt. Für die Regenversickerung am Gebäude können Begrünungsmaßnahmen wie die Dachbegrünung und die Fassadenbegrünung genutzt werden. [9]

Diese Maßnahmen werden in Abschn. 2.3 genauer beleuchtet.

2.2.2 Verdunstung

Die Verdunstung von Regenwasser ist ebenfalls eine wichtige Maßnahme des Regenwassermanagements. Hierbei wird versucht, das Wasser so lange wie möglich an der Oberfläche zu speichern, sodass es durch die Sonneneinstrahlung verdunsten und im natürlichen Wasserkreislauf verbleiben kann. Gründächer, Teiche und Wasserbecken können das Wasser für eine gewisse Zeit speichern und dieses verdunsten lassen [9].

Die Energie, die benötigt wird, um das Regenwasser verdunsten zu lassen, wird in diesem Vorgang abtransportiert. Somit speichert und bindet die Verdunstung die Energie der Sonneneinstrahlung in Form von latenter Wärme, weshalb diese Energie keine Erwärmung der Umgebung verursacht. Durch diesen Effekt haben Verdunstungsmaßnahmen einen positiven Einfluss auf die Reduzierung von Hitzeinseln in Städten [10].

2.2.3 Speicherung und Nutzung

Regenwassernutzung

Regenwasser kann auf unterschiedlichster Weise genutzt werden. Das Wasser kann kurzzeitig gespeichert werden und anschließend für die Bewässerung des Gartens, für Toilettenspülungen oder auch für die Waschmaschine genutzt werden. Durch die Speicherung des Regenwassers wird bei Starkregen die Kanalisation entlastet und der Trinkwasserverbrauch reduziert [9].

Das Wasser wird über die Dachflächen aufgefangen und nach einer Filterung der Schmutzpartikel in einem Regenwasserspeicher gespeichert. Wird das Regenwasser ausschließlich für die Bewässerung des Gartens genutzt, kann nach der groben Filterung das Regenwasser direkt genutzt werden. Für die Nutzung im Gebäude eignet sich eine 2-Komponenten-Lösung. Der Wasserspeicher samt Filter befindet sich auf dem Grundstück und die Zentrale mit der Pumpe und einer Nachspeisung befindet sich im Gebäude. Technische Bestimmungen und Anforderungen werden in der DIN 1989 „Regenwassernutzungsanlagen" sowie in der DIN 16941-1 „Vor-Ort-Anlagen für Nicht-Trinkwasser" beschrieben [11].

Es muss gewährleistet werden, dass sich das Regenwasser unter keinen Umständen mit dem Trinkwasser vermischen kann. Ebenfalls müssen die Leitungen so gekennzeichnet sein, dass sie sich von den Trinkwasserleitungen unterscheiden lassen [12].

Grauwasseraufbereitung

Grauwasser ist gering verschmutztes Abwasser aus beispielsweise dem Waschbecken im Badezimmer, der Dusche oder der Waschmaschine. Es weist eine geringe organische Belastung auf, da es keine Fäkalien oder Fettstoffe beinhaltet. Durch eine Aufbereitung des Grauwassers können täglich circa 60 Liter Wasser, welche durchschnittlich in einem Haushalt anfallen, erneut genutzt und für die Toilettenspülung oder zur Bewässerung des

Gartens verwendet werden. Der Aufbereitung des Wassers für eine höhere Nutzung wie die Wiederverwendung zum Duschen stehen in Deutschland strenge Regeln entgegen. Die Grauwasseraufbereitung besteht aus mehreren Stufen. Zuerst wird das Wasser vorgefiltert und anschließend in einem Belebungsbecken biologisch gereinigt. Nach einer Desinfektion, zum Beispiel mit einer UV-Hygienisierung, erreicht das Grauwasser eine Qualität nach den Richtlinien der Badegewässer. Wird das Wasser im Gebäude genutzt, müssen grundsätzlich getrennte Leitungssysteme verbaut werden [11].

Technische Bestimmungen und Anforderungen werden in der DIN 16941-2 „Vor-Ort-Anlagen für Nicht-Trinkwasser" beschrieben.

2.3 Bauwerksbegrünung

Die Begrünung von Bauwerken hat einen positiven Einfluss auf die Anpassung an den natürlichen Wasserhaushalt. Die überwiegend eingesetzten Maßnahmen sind einerseits die Dachbegrünung und andererseits die Fassadenbegrünung, auf die im folgenden Kapitel näher eingegangen werden. Beide Begrünungsformen können bei Starkregen das Kanalnetz entlasten und haben durch die Verdunstungskühlung einen positiven Effekt auf die Reduzierung von Hitzeinseln in Städten. Außerdem können sie die Biodiversität erhöhen. [9]

2.3.1 Dachbegrünung

Die Dachbegrünung wird in zwei Begrünungsformen unterschieden: die extensive Begrünung und die intensive Begrünung. Die **extensive Begrünung** ist die pflegeleichtere Form. Die Fläche ist naturnah angelegt. Gepflanzt werden an die Trockenheit angepasste Pflanzen, die kaum Pflege benötigen. Somit muss das Dach nur höchstens zwei Mal im Jahr begangen werden. Der Aufbau einer extensiven Begrünung ist mit circa 6 bis 15 cm und einem Gewicht von circa 60 bis 180kg/m^2 durch den niedrigen Pflanzenbewuchs gering. Eine **intensive Begrünung** hat eine Bepflanzung mit einem höheren Pflegeaufwand. Die Bepflanzung kann von einfachen Rasenflächen hin bis zu Stauden, Gehölzen, Büschen oder Bäumen reichen. Dies bedingt einen hohen Anspruch auf den Schichtaufbau und seiner Dicke. Der Gesamtaufbau ist in der Regel zwischen 30 und 100 cm hoch mit einem Gewicht bis zu 1200 kg/m^2. Die Wartung ist durch die regelmäßige Wasserversorgung und die Pflege intensiver als die der extensiven Begrünung. Weitere Formen der Dachbegrünung können beispielsweise das Retentionsgründach, das Biodiversitätsgründach oder das Solargründach sein. Das Retentionsgründach Das Retenstionsgründach unterscheidet sich von den anderen Formen durch zusätzlichen Raum zur Speicherung von Niederschlagswasser mit einer Anstaudrossel. Bei einem Biodiversitätsgründach wird auf die artenreiche Auswahl an Pflanzen geachtet. Ebenso werden Habitatelemente für die Tierwelt verbaut wie beispielsweise Tothölzer oder Sandinseln. Das Solargründach ist ein Gründach mit zusätzlicher Photovoltaik- oder Solarthermieanlage. [13]

2.3.2   Fassadenbegrünung

Die Fassadenbegrünung lässt sich in die bodengebundene Begrünung und die wandgebundene Begrünung einteilen. Für die **bodengebundene Begrünung** werden Selbstklimmer-Pflanzen angepflanzt. Das sind sogenannte „Kletterpflanzen" wie Efeu oder wilder Wein, welche die Fassade an Kletterhilfen erklimmen. Die Pflanzen benötigen eine durchgehende Verbindung mit dem Boden, um sich dort mit Wasser und Nährstoffen zu versorgen. Diese Versorgung findet über natürliche Erträge statt, somit benötigt die bodengebundene Begrünung bei ausreichendem nährstoffhaltigem Boden eine geringere Pflege als die wandgebundene Variante. Bei der **wandgebundenen Begrünung** bilden die Begrünungselemente einen Teil der Fassade oder bedecken diese vollständig. Die Pflanzen haben keinen Anschluss an den Boden und eignen sich dadurch sehr gut für die innerstädtische Begrünung. Über eine automatische Anlage werden die Pflanzen bewässert und mit Nährstoffen versorgt. Wandgebundene Fassaden haben einen hohen Gestaltungsspielraum und können sich in der Ausgestaltung und dem Aufwand der Pflege stark unterscheiden. Der Wartungsaufwand ist durch die Bewässerungsanlage höher als die bodengebundene Fassadenbegrünung. [14]

2.4   Konzept der Schwammstadt

Das Schwammstadt-Konzept wurde in China entwickelt [15]. Ziel des Konzepts ist die Wiederherstellung des natürlichen Wasserkreislaufs in der urbanen Umgebung. Um den natürlichen Wasserkreislauf möglichst realitätsnah nachzubilden, werden die Oberflächen so porös gestaltet, dass sie wie ein Schwamm das Wasser aufsaugen und nötigenfalls wieder abgeben können. Hierzu werden Maßnahmen der dezentralen Regenwasserbewirtschaftung, wie Entsieglung und Versickerung, Verdunstung, Regenwassernutzung und der Begrünung genutzt, um den Oberflächenabfluss zu reduzieren. So verbleibt das Wasser vor Ort im natürlichen Wasserkreislauf und die natürliche Bodenfunktion wird durch die Entsiegelung wieder hergestellt. [16]

Diese Maßnahmen können am Gebäude, auf dem Grundstück oder im ganzen Quartier geplant werden [3]. Durch die Verdunstungskühlung des Wassers an Grün- oder Wasserflächen kann die Temperatur in den Städten reduziert werden [16]. Neben der Verdunstungskühlung hat das Konzept der Schwammstadt auch einen positiven Einfluss auf den Hochwasserschutz und trägt durch die Verbesserung des Stadtklimas zu einer Steigerung der städtischen Lebensqualität bei [17].

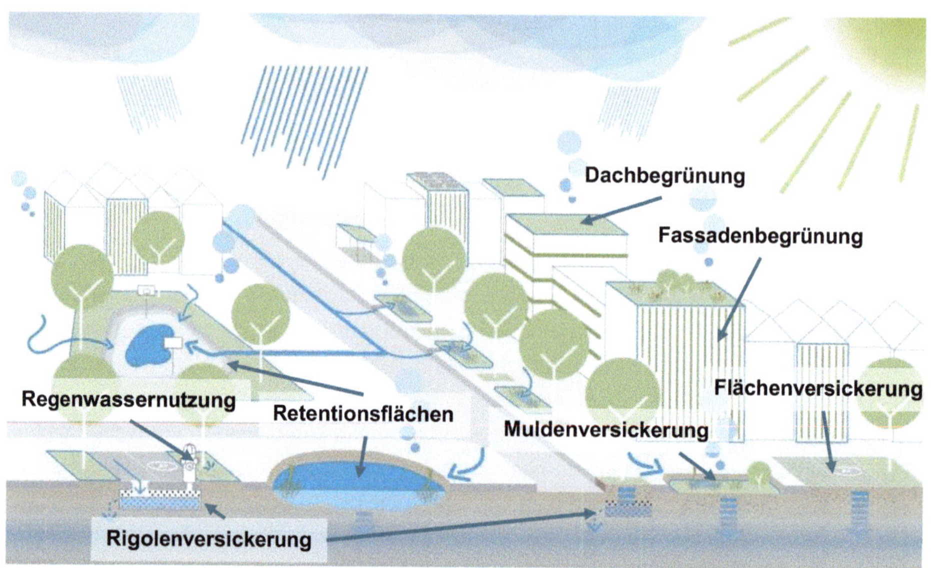

Abb. 2.4 Maßnahmen des Schwammstadt-Konzepts (in Anlehnung an [16])

Obwohl im Titel der Bachelorarbeit die Themen „Regeneratives Wassermanagement"
und „Bauwerksbegrünung" verwendet werden, wird im Folgenden primär der Begriff des
Schwammstadt-Konzepts verwendet. Das Schwammstadt-Konzept ist ein ganzheitlicher
Ansatz zur nachhaltigen und resilienten Stadtentwicklung, welcher die blauen und grünen
Infrastrukturen koppelt [18]. Zentrale Bestandteile dieses Konzepts sind einerseits das
Regenwassermanagement und andererseits die Bauwerksbegrünung. Dabei betrachtet das
Konzept der Schwammstadt nicht nur einzelne Maßnahmen, sondern das Zusammenspiel
der verschiedenen Strategien [19].

Zusammenfassend bietet das Schwammstadt-Konzept eine umfassende Grundlage,
um die Themen des regenerativen Wassermanagements und der Bauwerksbegrünung im
Zusammenhang zu betrachten.

Die Maßnahmen des Konzepts, welche in Abb. 2.4 dargestellt sind, werden im
folgenden Kap. 3 näher betrachtet und analysiert.

Literatur

1. *Fohrer, N.; Bormann, H.; Miegel, K. et al.:* Hydrologie. Uni-Taschenbücher GmbH; Haupt
   Verlag. UTB GmbH; Haupt, Stuttgart, 2016.
2. *Spektrum der Wissenschaft Verlagsgesellschaft mbH:* LEXIKON DER GEOWISSEN-
   SCHAFTEN Wasserhaushalt, https://www.spektrum.de/lexikon/geowissenschaften/wasserhau
   shalt/17995. [Zugriff am: 17.07.2024].

3. *Bund für Umwelt und Naturschutz Deutschland e.V.:* Schwammstadt – Dezentrale Regenwasserbewirtschaftung, https://www.bund-berlin.de/themen/stadtnatur/stadtwasser/schwammstadt/. [Zugriff am: 05.07.2024].

4. *Spektrum der Wissenschaft Verlagsgesellschaft mbH:* LEXIKON DER GEOWISSENSCHAFTEN Wasserkreislauf, https://www.spektrum.de/lexikon/geowissenschaften/wasserkreislauf/18005. [Zugriff am: 17.07.2024].

5. *Spektrum der Wissenschaft Verlagsgesellschaft mbH:* LEXIKON DER GEOWISSENSCHAFT Wasserbilanz, https://www.spektrum.de/lexikon/geowissenschaften/wasserbilanz/17962. [Zugriff am: 17.07.2024].

6. *Prof. Dr.-Ing. Heiko Sieker:* Wasserhaushalt, https://www.sieker.de/fachinformationen/article/wasserhaushalt-65.html. [Zugriff am: 17.07.2024].

7. *Umweltbundesamt UBA:* Bebauung und Versiegelung, https://www.umweltbundesamt.de/themen/boden-flaeche/bodenbelastungen/bebauung-versiegelung. [Zugriff am: 05.07.2024].

8. *Umweltbundesamt:* Regenwasserbewirtschaftung, https://www.umweltbundesamt.de/themen/wasser/wasser-bewirtschaften/regenwasserbewirtschaftung. [Zugriff am: 18.07.2024].

9. *Umweltbundesamt GmbH Österreich:* Nachhaltiges Regenwassermanagement – Was tun mit dem Regenwasser?, https://www.klimawandelanpassung.at/newsletter/kwa-nl21/kwa-nachhregenwassermanagement. [Zugriff am: 05.07.2024].

10. *Gößner, D.:* Systemlösung zur Wiederherstellung des natürlichen Wasserhaushaltes, https://www.pressebox.de/pressemitteilung/optigruen-international-ag/Systemloesung-zur-Wiederherstellung-des-natuerlichen-Wasserhaushaltes/boxid/1005197. [Zugriff am: 17.07.2024].

11. *Dr. Sartoruis, C.:* Zukunftsmarkt Dezentrale Wasseraufbereitung und Regenwassermanagement – Fallstudie im Auftrag des Umweltbundesamtes, Berlin Ausgabe 2007.

12. *Umweltbundesamt UBA:* Tipps für eine nachhaltige Regenwassernutzung, https://www.umweltbundesamt.de/umwelttipps-fuer-den-alltag/garten-freizeit/regenwassernutzung#wie-sie-mit-regenwasser-ihren-garten-umweltbewusst-nutzen. [Zugriff am: 19.07.2024].

13. *Bundesverband GebäudeGrün e. V.:* Grüne Innovation Dachbegrünung, https://www.gebaeudegruen.info/fileadmin/website/downloads/bugg-fachinfos/Dachbegruenung/BuGG_Gruene_Innovation_Dachbegruenung_20230125.pdf. [Zugriff am: 19.07.2024].

14. *Bundesverband GebäudeGrün e. V.:* Grüne Innovation Fassadenbegrünung, https://www.gebaeudegruen.info/fileadmin/website/downloads/bugg-fachinfos/Fassadenbegruenung/BuGG_Gruene_Innovation_Fassadenbegruenung_2023.pdf. [Zugriff am: 19.07.2024].

15. *Chan, Faith Ka Shun et al.:* Sponge City" in China – A breakthrough of planning and flood risk management in the urban context. *In: :* Land Use Policy, S. 772–778.

16. *Bayerisches Staatsministerium für Umwelt und Verbraucherschutz:* Wassersensible Siedlungsentwicklung – Empfehlungen für ein zukunftsfähiges und klimaangepasstes Regenwassermanagement in Bayern Ausgabe Oktober 2020.

17. *Köster, S.:* How the Sponge City becomes a supplementary water supply infrastructure. *In: :* Water-Energy Nexus, S. 35–40.

18. *Umweltbundesamt:* Ziele und Politikinstrumente für klimaresiliente Schwammstädte – Ergebnisse aus dem Forschungsprojekt „Neues Europäisches Bauhaus weiterdenken – AdNEB", 2024, https://www.umweltbundesamt.de/sites/default/files/medien/479/publikationen/uba_fb_politikintrumente_resiliente_schwammstaedte.pdf. [Zugriff am: 09.09.2024].

19. *Hein, T.:* SCHWAMM DRUNTER – Ein Beitrag aus ALBERT Nr. 9 "Wasser", https://www.einsteinfoundation.de/einblicke/albert/albert-nr-9-wasser/schwamm-drunter. [Zugriff am: 05.07.2024].

Analyse der bestehenden Maßnahmen der Schwammstadt

3

Im Folgenden werden die verschiedenen Maßnahmen des Schwammstadt-Konzeptes vorgestellt und beschrieben. Des Weiteren wird die Funktion und Auswirkung der Maßnahme erläutert sowie die notwendigen lokalen Voraussetzungen zur Umsetzung beschrieben. Für eine praxisnahe Handlungsempfehlung werden die zu erwartenden Kosten in einer Übersicht zusammengefasst. Grundlage der Kostenbewertung ist die Auswertung und Analyse der Investitionskosten des Forschungsprojekt „Konzept für urbane Regenwasserbewirtschaftung und Abwassersysteme"(KURAS). Die Datenbasis des Projekts stammt aus einer Literaturrecherche, bei der Publikationen aus den Jahren 2001 bis 2015 analysiert wurden sowie die Datenerhebung über Umfragen. Für eine bessere Vergleichbarkeit der Maßnahmen aufgrund ihrer unterschiedlichen Nutzungsdauern beziehen sich die Angaben auf die jährlichen Investitionsauszahlungen im Hinblick auf die angeschlossene, befestigte Fläche. Die Analyse der Maßnahmen in diesem Kapitel sowie die Analyse des vierten Kapitels „Stand der Technik und der Forschung" bilden die Basis für die Entscheidungshilfe in Kap. 5.

3.1 Bauwerksbegrünung

Dachbegrünung

Beschreibung der Maßnahme
Die Dachbegrünung kann für unterschiedlichste Bauwerke geplant werden. Neben den Dächern der Gebäude können auch die Tiefgaragendecken sowie Garagen, Balkone oder Mülleinhausungen begrünt werden [1].

L. Jourdan, *Schwammstadt-Konzept*, Entwicklung neuer Ansätze zum nachhaltigen Planen und Bauen, https://doi.org/10.1007/978-3-658-48366-1_3

Bei der Dachbegrünung kann in drei Begrünungsformen unterschieden werden: Intensivbegrünung, einfache Intensivbegrünung und Extensivbegrünung [2]. In Deutschland werden jährlich um die 10 Mio. m^2 Gründächer gebaut. Davon sind 80 % extensiv begrünt, bei den restlichen 20 % handelt es sich um Dachgärten oder eine Intensivbegrünung [3].

Die Begrünungsformen unterscheiden sich vor allem in der Vegetation. Bei der intensiven Begrünungsform werden beispielsweise Stauden, Blumen, Gräser sowie Gehölz und Bäume gepflanzt. Die Nutzungsmöglichkeiten und die Ausstattung der Dachfläche ähneln einer Freifläche auf dem Boden. Der Schichtaufbau ist entsprechend der ausgewählten Pflanzen hoch und die Pflege durch die Versorgung mit Wasser und Nährstoffen intensiv. Die Dicke des Schichtaufbaus kann von 12 cm bei einer Begrünung mit Rasen bis zu 200 cm beim Bepflanzen von hohen Bäumen betragen. Die einfache Intensivbegrünung unterscheidet sich zur Intensivbegrünung vor allem in der Auswahl der Pflanzen. Die ausgewählten Pflanzen, meist eine Begrünung mit Gräsern und Gehölz, ist im Schichtaufbau und in der Pflege weniger anspruchsvoll. Dadurch schränkt sich allerdings auch die Nutzungsvielfalt ein. Hier beträgt der Schichtaufbau zwischen 12 und 100 cm. Bei einer Extensivbegrünung werden Pflanzen ausgewählt, welche sich selbst erhalten und entwickeln können und den Standortbedingungen angepasst sind. Somit ist die Höhe des Schichtsaufbaus sowie die Wartung und Pflege des Daches gering. Die Aufbaudicken variieren je nach gewählter Begrünung von 4 bis 20 cm. [2]

Auswirkungen der Maßnahme
Dachbegrünungen können zu einem besseren besseres Mikroklima beitragen. Durch die Verschattung des Daches kann sich das darunterliegende Dachmaterial weniger stark aufheizen als bei einem Dach ohne Begrünung [4].

Dies zeigen Messungen von *Heusinger & Weber* in ihrer Untersuchung zu Temperaturunterschieden zwischen Bitumendächer und begrünten Dächern. Es wird festgestellt, dass extensiv begrünte Dächer eine durchschnittlich 11 Grad Celsius geringere Oberflächentemperatur haben als ein Bitumendach [5].

Begrünte Dächer stellen durch den Niederschlagsrückhalt sowie die Abflussverzögerung der Zwischenspeicherung wichtige Maßnahmen des Schwammstadt-Konzepts dar [3]. Durch die Speicherung des Wassers im Substrat wird das Wasser stark verzögert an die Kanalisation abgegeben. Somit kommt es zu geringeren Abflussspitzen bei Starkregen-Ereignissen [4]. Die extensive Dachbegrünung verringert den Regenwasserabfluss erheblich, da sie bis zu 70 % des Niederschlags durch Verdunstung aufnimmt [6]. Der Regenwasserabfluss eines Gründaches hängt maßgeblich mit der Dicke des Aufbaus zusammen. Je dicker der Schichtaufbau, desto niedriger ist der Abflussbeiwert Cs [2].

Der Abflussbeiwert Cs gibt das Verhältnis des abfließenden Niederschlagswassers zur Gesamtabflussmenge für unterschiedliche Oberflächen an. Je höher der Abflussbeiwert, desto weniger Wasser kann versickern. [7]

Somit ist der Abflussbeiwert bei einer Aufbaudicke von mehr als 50 cm bei Cs = 0,1 und bei einem Aufbau von 2 bis 4 cm bei Cs = 0,7 [2]. Eine Erhöhung der Speicherfähigkeit des Daches kann durch den Bau eines Retentionsdaches erlangt werden. Dabei wird das

Wasser durch eine größere Drainageschicht geleitet, sodass die größtmögliche Verzögerung des Abflusses erreicht wird. [4]

Dachbegrünungen können das Stadtbild und das Alltagsleben positiv beeinflussen, indem sie die Freiraumqualität in dicht bebauten Quartieren steigern. Selbst in stark verdichteten Gebieten entstehen durch begrünte Dächer grüne Inseln, die das visuelle Erscheinungsbild der Stadt bereichern. Vielfältige Begrünungsformen und eine breite Auswahl an Pflanzen tragen zudem zur Verbesserung der Aufenthaltsqualität bei. Durch die unterschiedliche Auswahl an Pflanzen auf den begrünten Dächern kann die Biodiversität in Vergleich zu Dächern ohne Begrünung verbessert werden. Je höher die Varianz in der Auswahl der Pflanzen ist, desto stärker kann die Biodiversität gefördert werden. Die Förderung der Biodiversität hängt dabei von mehreren Faktoren ab. Neben der Varianz in der Vegetation wird sie maßgeblich auch von der Form der Begrünung, der Fläche und der Dichte der Fauna beeinflusst. [8]

Der Wartungsaufwand von Dachbegrünungen variiert je nach Art der Begrünung. Extensiv begrünte Dächer erfordern nur minimalen Pflege- und Wartungsaufwand, wobei eine zweimal jährliche Inspektion ausreichend ist. Mit zunehmender Intensität der Begrünung steigt jedoch der Wartungsaufwand. Intensiv begrünte Dächer müssen regelmäßig bewässert und gepflegt werden, was eine deutlich intensivere Betreuung erfordert und höhere Kosten verursacht. [6]

Lokale Voraussetzungen
Die Voraussetzungen für Dachbegrünungen werden maßgeblich durch die Anforderungen des Gebäudes bestimmt. Vor allem müssen die Dach- und Deckenkonstruktionen beachtet werden. [2]

Gründächer eignen sich vor allem bei Flachdächern, da dort ein erosionsfreier Substrataufbau möglich ist. Auch die Begrünung von Steildächern ist möglich. Dabei muss allerdings beachtet werden, dass ab einer Neigung von 10 % die Abflussgeschwindigkeit des Niederschlagswassers zunimmt und die Gefährdung der Erosion des Substrats erhöht wird. Dies hat zur Folge, dass bei Steildächern weniger Wasser gespeichert werden kann, was sich negativ auf das Schwammstadt-Konzept auswirkt. Zusätzlich muss die Auswahl der Pflanzen auf die reduzierte Wasserspeicherung angepasst werden [9].

Die Forschungsgesellschaft Landschaftsentwicklung Landschaftsbau e. V. (FLL) schreibt dazu, dass bereits bei einer Dachneigung von 5 Grad eine schnellere Abführung des Wassers entsteht, wodurch eine Bepflanzung mit geringem Wasserverbrauch oder ein Schichtaufbau mit größerem Speichervermögen berücksichtigt werden muss [2]. Ab einer Neigung von 27 % muss die Begrünung gegen Schub gesichert werden [9]. Die FLL rät ab einer Dachneigung von mehr als 45 Grad von einer Begrünung des Daches ab [2]. Die Dachbegrünungsform muss bereits bei der Berechnung der Statik einfließen, um die erhöhten ständigen Lasten auf die Deckenkonstruktion berücksichtigen zu können. Die Auflasten sind bei einer Intensivbegrünung durch den höheren Substrataufbau deutlich höher als bei einer extensiven Begrünung [9].

Tab. 3.1 Investitionskosten der Dachbegrünung (in Anlehnung an [6])

Maßnahme	Extensive Begrünung			Intensive Begrünung		
	Median	Min	Max	Median	Min	Max
Kosten [€/m^2•a]	1,32	0,52	5,63	2,44	0,22	21,63

Des Weiteren müssen bei der Auswahl der Begrünungsformen die Dachbauweisen beachtet werden, welche in der FLL näher beschrieben sind [2] In Tab. 3.1 werden die Investitionskosten der Dachbegrünung dargestellt.

Investitionskosten

Fassadenbegrünung

Beschreibung der Maßnahme

Die Fassadenbegrünung beschreibt eine vertikale Begrünungsform von Außenwänden. Die Begrünung unterscheidet sich in zwei Formen. Die bodengebundene Begrünung mit Kletterpflanzen hat eine direkte Verbindung zum Boden und kann mit oder ohne Kletterhilfen ausgeführt werden [4].

Geeignete selbstklimmende Kletterpflanzen können unteranderem Efeu oder wilder Wein sein [10]. Die fassaden- bzw. wandgebundene Begrünung kann mit Pflanzgefäßen und Kletterpflanzen, mit Modulsystemen oder mit einer Flächenkonstruktion ausgeführt werden [4]. Hierbei sind die Pflanzen nicht mit dem Boden verbunden, weshalb sie mit Wasser und Nährstoffen, meist über eine automatisierte Bewässerungsanlage, versorgt werden müssen. Der Aufwand sowie die Pflege einer wandgebundenen Fassade sind dadurch erheblich höher als bei einer bodengebundenen Variante [10].

Auswirkungen der Maßnahme

Fassadenbegrünungen haben einen positiven Einfluss auf das Mikroklima in der direkten Umgebung und bei ausreichender Anzahl hat die Maßnahme auch Auswirkungen auf Quartiersebene. Begrünte Fassaden können den Hitzeinseleffekt durch die Verdunstungskühlung der Pflanzen reduzieren. Dies belegen unterschiedliche Messungen verschiedener Studien. Der Einfluss hängt von unterschiedlichen Faktoren ab, wie der gewählte Begrünungsform, aber auch die Dichte der Bebauung ist einflussgebend. In eng bebauten Städten können größere Effekte erwartet werden als auf ländlicheren Wohngebieten [4].

Durch den Abtransport der Wärme bei der Verdunstung kann die Fassadenbegrünung die Umgebungsluft kühlen. Die Kühlwirkung hat an der Oberfläche der Außenwand den größten Effekt und wird mit zunehmender Distanz schwächer. Ebenso hängt die Kühlwirkung maßgeblich mit der Dichte der Bepflanzung ab [11].

Die Fassadenbegrünung kann maßgeblich zur Energieeinsparung bei der Gebäudekühlung beitragen. Dabei können die Einsparungen bis zu 45 % betragen. Durch die Verschattung der Fassade kann die Begrünung zum sommerlichen Wärmeschutz beitragen [12].

Die Freiraumqualität kann durch Begrünungsformen wie der Fassadenbegrünung verbessert werden und hat eine positive Auswirkung auf die Lebensqualität der Menschen [13]. Die Fassadenbegrünung leistet einen Beitrag zum Regenwasserrückhalt, welcher im Vergleich zu horizontalen Flächen wie Dachbegrünungen durch die geringere Speicherkapazität niedrigerer ist [4]. Die wenigen Studien zur Steigerung der Biodiversität durch die Fassadenbegrünung belegen einen hohen Einfluss auf die Artenvielfalt. In begrünten Fassaden finden Tiere sowohl einen Rückzugsort als auch Nahrung. Die Erhöhung der Biodiversität hängt dabei von den Faktoren der Größe der Pflanzen, dem Deckungsgrad und der Kombination an unterschiedlichen Pflanzen ab [14].

Bodengebundene Fassadenbegrünungen erfordern weniger Wartung als wandgebundene Systeme. Es genügt, ein- bis zweimal jährlich eine Sichtkontrolle durchzuführen. Darüber hinaus sollten sie regelmäßig geschnitten werden, um kahle Stellen zu vermeiden und bestimmte Öffnungen freizuhalten. Die Pflegeintensität hängt davon ab, welches optische Endergebnis gewünscht ist. Im Vergleich dazu benötigen wandgebundene Fassadenbegrünungen mehrere Pflegegänge pro Jahr. Abgestorbene Pflanzenteile müssen regelmäßig entfernt werden. Zudem sind eine kontinuierliche Bewässerung und Düngung erforderlich, da die Pflanzen durch die Abkopplung vom Boden keine natürlichen Nährstoffe erhalten [15].

Lokale Voraussetzungen

Eine Voraussetzung für die Begrünung ist die Intaktheit der Fassade. Sie darf keine Risse, Abplatzungen oder Rissbildungen haben. Ebenso muss das Gewicht der Klettergerüste oder der wandgebundenen Module in der Statik berücksichtigt werden [16].

Bei einem Direktbewuchs der Fassade eignen sich vor allem massive einschalige Konstruktionen. Ebenso kommen je nach gewählter Begrünungsform auch Metallkonstruktionen, Wärmedämm-Verbundsysteme oder vorgehängte hinterlüftete Fassaden infrage. Dies muss projektspezifisch und in Bezug auf die gewünschte Begrünung entschieden werden. Die Ausrichtung der Fassade spielt ebenfalls eine Rolle. Bei einer Nordfassade fehlt beispielsweise das benötigte Licht für die Pflanzen [10].

Um eine Fassadenbegrünung langfristig zu erhalten, ist es wichtig, sowohl die Verschattung als auch die Sonneneinstrahlung durch benachbarte Gebäude zu berücksichtigen. Ein Mangel an Sonnenlicht oder eine Überbelichtung kann das Wachstum der Pflanzen erheblich beeinträchtigen [17] In Tab. 3.2 werden die Investitionskosten der Fassadenbegrünung dargestellt.

Investitionskosten

Tab. 3.2 Investitionskosten der Fassadenbegrünung (in Anlehnung an [6])

Maßnahme	Bodengebundene Begrünung			Wandgebundene Begrünung		
	Median	Min	Max	Median	Min	Max
Kosten [€/m²•a]	1,51	0,02	4,11	38,50	9,95	**86,52**

3.2   Versickerungsmaßnahmen

Eine wichtige Maßnahme des Schwammstadt-Konzepts ist die Versickerung. Durch Versickerungsmaßnahmen kann der oberirdische Abfluss re.duziert werden und der Boden als natürlicher Bestandteil des Wasserkreislaufes fungieren [18].

Es gibt verschiedene Maßnahmen der Versickerung, welche im Folgenden vorgestellt werden

Flächenversickerung

Beschreibung der Maßnahme
Die Versickerung bei der Flächenversickerung erfolgt über offene begrünte oder teilversiegelte Flächen [7]. Dabei gibt es keinen vorübergehender Speicherraum für das anfallende Wasser, weshalb der Boden eine Versickerung des Niederschlagswasser ohne Anstauen gewährleisten muss. Damit zusammenhängend ist der große Flächenbedarf, welcher bei der Versickerung benötigt wird. Nutzbare Flächen für die Flächenversickerung sind zum Beispiel Gartenanlagen, aber auch Grundstückseinfahrten, welche in der Oberfläche nur teilversiegelt sind [19].

Die Versickerung über teilversiegelte Flächen eignet sich vor allem für Flächen, welche nicht vollständig entsiegelt werden können, wie beispielsweise Parkplätze, Terrassen, Grundstückseinfahrten, Wege und Straßen innerhalb eines Quartiers. Dabei eignet sich eine Befestigung aus wasserdurchlässigen Materialien. Gewählt werden kann zwischen Befestigungsmaterialien mit oder ohne Vegetationsanteil. Materialien mit Vegetationsanteil sind beispielsweise Schotterrasen oder Rasengittersteine. Materialien ohne Vegetationsanteil können Fugen-, Loch- oder Porenpflaster sein, ebenso wie gebundene Beläge aus wasserdurchlässigem Asphalt, Kies- oder Splittdecken. Letztere Variante kann für befahrene Flächen oder Flächen mit hohem Fußverkehr genutzt werden [18].

Auswirkungen der Maßnahme
Durch die teilweise oder vollständige Versickerung des Wassers kann der natürliche Wasserhaushalt vor Ort gestärkt werden, da das Wasser dort versickert, wo es anfällt. Ebenso hat die Versickerung einen positiven Effekt auf die Grundwasserneubildung, zusätzlich kann das Kleinklima vor Ort durch die natürliche Verdunstung des Wassers verbessert werden. Die Versickerung in den Flächen entlastet außerdem die Kanalisation [20].

Durch die großräumig genutzte Fläche zu Versickerung entsteht ein hohes Potenzial zur Verdunstung [19]. Je nach Gestaltung der Fläche kann die Biodiversität sowie die Freiraumqualität unterschiedlich stark verbessert werden [7]. Der Wartungsaufwand der Flächenversickerung entspricht dem einer Grünfläche und ist somit gering [6].

Tab. 3.3 Investitionskosten der Flächenversickerung (in Anlehnung an [6])

Maßnahme	Teilversiegelte Flächen			Flächenversickerung		
	Median	Min	Max	Median	Min	Max
Kosten [€/m²•a]	1,26	**0,09**	**3,61**	**0,22**	**0,00**	**0,43**

Lokale Voraussetzungen

Voraussetzung der Flächenversickerung ist einerseits eine hohe Versickerungsfähigkeit des Bodens, andererseits ist eine große Verfügbarkeit der Fläche nötig [7]. Ebenso ist die Versickerung über teilversiegelte Flächen bei einem belasteten Boden nicht möglich, da es sonst zu einer Verunreinigung des Grundwassers kommen kann. Grundstücke mit einem hohen Grundwasserstand sind weniger geeignet, da durch die geringe Überdeckung das versickerte Wasser nicht vollständig vom Boden gereinigt werden kann [18] In Tab. 3.3 werden die Investitionskosten der Flächenversickerung dargestellt.

Investitionskosten

Muldenversickerung

Beschreibung der Maßnahme
Die Versickerung erfolgt bei der Muldenversickerung, ebenso wie bei der Flächenversickerung, über die Bodenzone in den Untergrund [7].

Bei einer Muldenversickerung handelt es sich um begrünte, meist längliche Bodenvertiefungen, in die das anfallende Niederschlagswasser geleitet wird und nach kurzzeitiger Zwischenspeicherung versickert [20]. Die Muldenversickerung eignet sich vor allem für die Versickerung von Dach-, Hof- und Verkehrsflächen. Durch die flächensparende Anordnung ist sie vielseitig einsetzbar. Ist die vollständige Versickerung innerhalb der Mulde nicht möglich, bietet sich die Kombination eines Mulden-Rigolen-Systems an. Dabei versickert das Wasser in der Mulde und wird in der darunterliegenden Rigole gespeichert. Dort kann das Wasser zeitverzögert in durchlässigere Schichten des Bodens abgegeben werden [7].

Auswirkungen der Maßnahme
Die Muldenversickerung bietet die gleichen Vorteile für das Schwammstadt-Konzept wie die Flächenversickerung. Durch die Versickerung des Niederschlagswassers vor Ort kann die Grundwasserbildung gestärkt und die Kanalisation entlastet werden [20].

Durch die kurzfristige Zwischenspeicherung bringt die Muldenversickerung einen geringes Verdunstungspotenzial mit sich [19]. **Der** Wartungsaufwand für Mulden entspricht dem von Freiflächen. Besonders im Einlaufbereich sollten Mulden regelmäßig von Laub befreit werden [21].

Lokale Voraussetzungen

Tab. 3.4 Investitionskosten der Muldenversickerung (in Anlehnung an [6])

Maßnahme	Muldenversickerung		
	Median	Min	Max
Kosten [€/m$^2 \bullet$a]	**0,17**	**0,04**	**0,43**

Die Muldenversickerung benötigt eine Fläche, welche circa 10 % der angeschlossenen versiegelten Fläche entspricht [7]. Die Bodenverhältnisse müssen für die Versickerung innerhalb der Mulde geeignet sein. Ebenso dürfen keine Verunreinigungen im Boden vorhanden sein [17] In Tab. 3.4 werden die Investitionskosten der Muldenversickerung dargestellt.

Investitionskosten

.

Rigolenversickerung

Beschreibung der Maßnahme

Bei einer Versickerung über Rigolen wird das anfallende Niederschlagswasser in einen unterirdisch angelegten Bereich geleitet, zwischengespeichert und zeitversetzt in den Untergrund abgegeben [7]. Der unterirdische Raum kann beispielsweise mit Wabenkunststoff, Kies, Schotter oder Lavagestein gefüllt sein. Die Speicherfähigkeit der Rigole hängt wesentlich vom verwendeten Material und der Größe der Rigole ab. Damit die Drainagefähigkeit des Materials nicht Verschmutzung mit Feinmaterial gemindert wird, muss ein Geotextil zwischen den Rigolenkörper und dem Mutterboden eingelegt werden [19].

Bei einer Rigolen-Rohr-Versickerung wird ein Sickerrohr in das Rigolenelement eingebaut. Mit Hilfe des in Kies eingebetteten Rohres wird das Niederschlagswasser unterirdisch der Rigole zugeführt. Eine Kombination aus oberirdischer Versickerung und gleichzeitiger Zuleitung des Wassers über ein Rohr ist ebenfalls möglich [22].

Durch das Zuleiten des Niederschlagswassers mithilfe eines Rohres kann sich das Wasser besser und schneller im Rigolenkörper verteilen und die bindige Schicht im Boden passieren [18]. Um die Verstopfung der Rigole zu verhindern, sollte am Ende des zuleitenden Rohrs ein Absetzschacht angeordnet werden, damit sich Grobpartikel absetzen können [22].

Auswirkungen der Maßnahme

Durch die große Speicherfähigkeit des Rigolenkörpers und die anschließende Versickerung des Niederschlagswassers entlastet die Rigolenversickerung die Kanalisation [6]. Durch die unterirdische Anordnung trägt die Rigole trotz großem Retentionsvermögen nicht zur Verdunstung bei [18]. Ebenso verhindert der unterirdische Bau einen positiven Effekt auf das Stadtklima, die Biodiversität oder der Freiraumqualität. Rigolen sind in der Unterhaltung bei einer ausreichenden Reinigung des anfallenden Wassers weitgehend wartungsfrei [6].

Tab. 3.5 Investitionskosten Rigolenversickerung (in Anlehnung an [6])

Maßnahme	Rigolenversickerung			Mulden-Rigolen-Versickerung		
	Median	Min	Max	Median	Min	Max
Kosten [€/ m^2•a]	0,52	0,15	3,45	0,30	0,15	1,19

Lokale Voraussetzungen

Die Verwendung einer Rigolenversickerung ist besonders dann sinnvoll, wenn die versickerungsfähige Schicht unter einer bindigen Deckschicht liegt. Mithilfe der Rigolenversickerung kann diese durchlässige Schicht erreicht werden. Für den Bau einer Rigole ist nur ein geringer oberirdischer Flächenbedarf nötig [19].

Durch die gegebenenfalls tiefe Lage der Rigole ist ein tiefer Grundwasserspiegel vorausgesetzt [7] In Tab. 3.5 werden die Investitionskosten der Rigolenversickerung dargestellt.

Investitionskosten

3.3 Retentionsflächen

Beschreibung der Maßnahme

Für die Retentionsflächen können unter anderem künstliche Wasserflächen in Form von Teichanlagen angelegt werden, in denen das anfallende Wasser eingeleitet und aufgefangen wird. Die Flächen sind zum Untergrund mit einer Folie abgedichtet. Wird der maximale Wasserspiegel der Retentionsfläche erreicht, läuft das Wasser über einen Überlauf in angeschlossene Mulden oder einen geeigneten Böschungsbereich, um dort versickern zu können [19].

Bei bindigen Bodenverhältnissen kann das überlaufende Wasser auch in Kombination mit einer Rigolenanlage versickern [7]. Durch die Anordnung von Pflanzen im Teich wird das Wasser gereinigt [19]. Die Zuleitung des Wassers in die Retentionsfläche kann über einen oberirdischen Einlauf in Form von Gräben oder unterirdisch durch Rohre gestaltet werden [19].

Auswirkungen der Maßnahme

Durch das durchgehende Anstauen des Wassers und der damit verbundenen möglichen Verdunstung haben Retentionsflächen in Form von Teichen einen positiven Effekt auf das Kleinklima. Außerdem kann sies auch als Gestaltungselement in Quartieren genutzt werden. Durch die Sichtbarkeit bieten Teiche die Möglichkeit, das Regenwasser erlebbar zu machen. Das Wasser wird durch die Abbauprozesse der Pflanzen vor dem Versickern in das Grundwasser gereinigt [19].

Durch die gestalterische Vielfalt in der Anlegung der Wasserflächen kann die Freiraum-qualität sowie die Biodiversität stark verbessert werden. Der Wartungsaufwand variiert je nach Nutzung der Fläche. Wenn hohe optische Anforderungen an die Wasserfläche bestehen, muss regelmäßig Biomasse abgefischt und das Wasser gereinigt werden [6].

Lokale Voraussetzungen

Die Teichoberfläche muss mindestens so groß sein wie 10 bis 20 % der zu entwässernden Fläche. Zur Speicherung des einzuleitenden Wassers ist eine Teichtiefe von mindestens 20 bis 30 cm notwendig. Je nach örtlichen Bedingungen kann die Tiefe der Retentionsfläche variieren [7].

Für die Wasserspeicherung in einem Teich mit möglichem Überlauf ist eine größere Versickerungsfläche nötig. Außerdem kann die Nutzung durch eine eventuell notwendige Umzäunung eingeschränkt sein [19].

Investitionskosten

Die Investitionskosten sind im KURAS-Leitfaden nicht quantifiziert. Dies könnte an eventuellen Datenlücken liegen

Um eine Vergleichbarkeit mit den Kostenangaben der anderen Maßnahmen zu gewähr-leisten, werden die eigenständig recherchierten Investitionskosten für Retentionsflächen, speziell für Teichanlagen, ebenfalls auf die Kosten pro Quadratmeter pro Jahr berechnet. Dabei wird von einer Nutzungsdauer von 40 Jahren und einem Diskontierungszinssatz von 3 % ausgegangen [6]. Diese Angaben werden aus der Berechnung der Kosten des KURAS-Leitfadens übernommen.

Zunächst werden die recherchierten Kosten für das Anlegen von Teichen in Tab. 3.6 gegenübergestellt und der Mittelwert gebildet, welcher dann auf die Maßeinheit umgerechnet wird.

Bei der Interpretation der Kosten muss beachtet werden, dass die Kosten maßgeblich mit der gewünschten Komplexität des Teiches zusammenhängen. Außerdem spielt die Wahl der Materialien eine große Rolle.

Tab. 3.6 Investitionskosten der Retentionsflächen

Kosten [€/m²]	Retentionsflächen am Beispiel Teich		
	Quelle	Min	Max
[22]	46,80	165,24
	30,74	105,94
[23]	34,00	37,00
Mittelwert		37,18	102,69
Kosten €/m²•a		**0,95**	**2,64**

3.4 Regenwassernutzungsanlagen

Regenwasser kann überall dort genutzt werden, wo keine Trinkwasserqualität gefordert ist. Somit kann Regenwasser als Bewässerung von Gartenflächen, Betriebswasser in der Industrie, im Gebäude als Toilettenspülung oder für die Waschmaschine genutzt werden [7].

Im Folgenden wird die Speicherung von Regenwasser sowie dessen anschließende Nutzung zur Bewässerung von Garten- und Grünflächen erläutert. Die Verwendung von Regenwasser im Gebäude, beispielsweise für die Toilettenspülung oder die Waschmaschine, wird nicht weiter thematisiert. Aufgrund des Ableitens des Regenwassers aus der Natur ins Gebäude und anschließend in die Kanalisation ist die Regenwasserspeicherung mit der anschließenden Nutzung im Haus hinsichtlich des Konzeptes der Schwammstadt kritisch zu betrachten, da das anfallende Niederschlagswasser somit nicht vor Ort in den Wasserhaushalt zurückgeführt werden kann.

Regenwassernutzung für die Bewässerung

Beschreibung der Maßnahme

Zur Regenwasserspeicherung werden meist unterirdische Speichereinrichtungen wie Zisternen genutzt [25]. Bei Zisternen handelt es sich um Tanksysteme, die aus Kunststoff oder Beton bestehen. Die Zisternen werden in der Regel in den Boden eingebracht. Besteht aufgrund von geringen Platzverhältnissen diese Möglichkeit nicht, können sie beispielsweise auch als Kellertanks verbaut oder in Lufträumen unter Zufahrtrampen für die Tiefgarage angeordnet werden [18].

Es gibt eine Vielzahl an unterschiedlichen Varianten der Regenwassernutzung aufgrund verschiedenen Möglichkeiten der Anordnung der Überläufe sowie der unterschiedlichen Speichermöglichkeiten, auf die im Folgenden näher eingegangen wird [7].

Eine unkomplizierte Variante für den Einfamilienhausbau mit einem geringen Wasserbedarf ist die Regentonne, welche im Garten platziert werden kann. Bei der in den Boden eingelassenen Zisterne wird das Wasser von Dachflächen sowie von versiegelten Bodenflächen der Zisterne zugeführt [20].

Steildächer eignen sich am besten, wohingegen bei Flachdächern mit Begrünung eine geringere Wassermenge anfällt, welche eventuell durch die Begrünung stärker verunreinigt sein kann [7].

Dabei ist zu beachten, dass die Auffangflächen keine Schadstoffe in das Regenwasser einbringen. Vor dem Einleiten in die Zisterne sollte eine Vorreinigung in Form einer mechanischen Reinigung vorgenommen werden, damit grobe Partikel nicht in den Behälter eindringen. Feine Partikel können sich durch die Sedimentation in der Speichereinrichtung absetzen. In Form von Pumpen oberhalb der Sedimentationsgrenze kann das gesammelte Regenwasser über ein Rohrsystem zu den jeweiligen Entnahmestellen geleitet werden. Bei der Notwendigkeit einer kontinuierlichen Wasserversorgung, beispielsweise bei einer automatisierten Bewässerung von Fassadenbegrünungen, ist eine Nachspeisung aus dem

Tab. 3.7 Investitionskosten der Regenwassernutzung (in Anlehnung an [6])

Maßnahme	Regenwassernutzung als Bewässerung		
	Median	Min	Max
Kosten [€/m$^2 \bullet$a]	0,95	0,04	**36,35**

Trinkwassernetz nötig. Dabei kann eine Anlagensteuerung behilflich sein, welche den Nutzenden über den Füllstand oder Fehlfunktionen informiert [25].

Der Überlauf der Zisterne kann so geplant werden, dass das überschüssige Wasser in die Kanalisation, eine Versickerungsmulde oder eine Rigole geleitet wird [20].

Auswirkungen der Maßnahme
Durch das Umleiten des Regenwassers in den Speicherbehälter wird die Kanalisation entlastet. Ebenso schont die Regenwasserspeicherung in trockenen Sommern die Wasserressourcen. Die Nutzung des gespeicherten Wassers für die Bewässerung von Gartenanlagen hat einen positiven Effekt auf den Wasserhaushalt und entlastet die Trinkwasseraufbereitung [26].

Wird der Überlauf der Zisterne über eine Versickerungsmulde geplant, kann er durch die Verdunstung an der Oberfläche einen geringen Beitrag zum Kleinklima beitragen und durch die Versickerung den Grundwasserspiegel erneuern [20].

Lokale Voraussetzungen
Für die Regenwasserspeicherung und anschließende Nutzung ist ein geringer Flächenbedarf nötig. Bei einer Erdzisterne muss genügend Platz im Boden für den Einbau gegeben sein [19].

Für den Überlauf über eine Versickerungsmulde ist eine ausreichende Fläche sowie ein geeigneter Boden vor Ort nötig. Ist dies nicht der Fall, kann der Überlauf über eine unterirdische Rigole oder direkt in die Kanalisation geleitet werden [20].

Für die Auffangflächen des Wassers eignen sich besonders Steildächer, aber auch Flachdächer können genutzt werden [7] In Tab. 3.7 werden die Investitionskosten der Regenwassernutzung dargestellt.

Investitionskosten

3.5 Auswertung

Im folgenden Abschnitt werden die Ergebnisse der Analyse bewertet sowie kritisch hinterfragt. Zunächst wird eine Übersicht der Maßnahmen mit ihren relevanten Eigenschaften dargestellt, gefolgt von weiteren positiven Nebeneffekten. Es wird erläutert, wie die Analyse für die weitere Arbeit verwendet wird. Abschließend erfolgt eine kritische Reflexion der Ergebnisse.

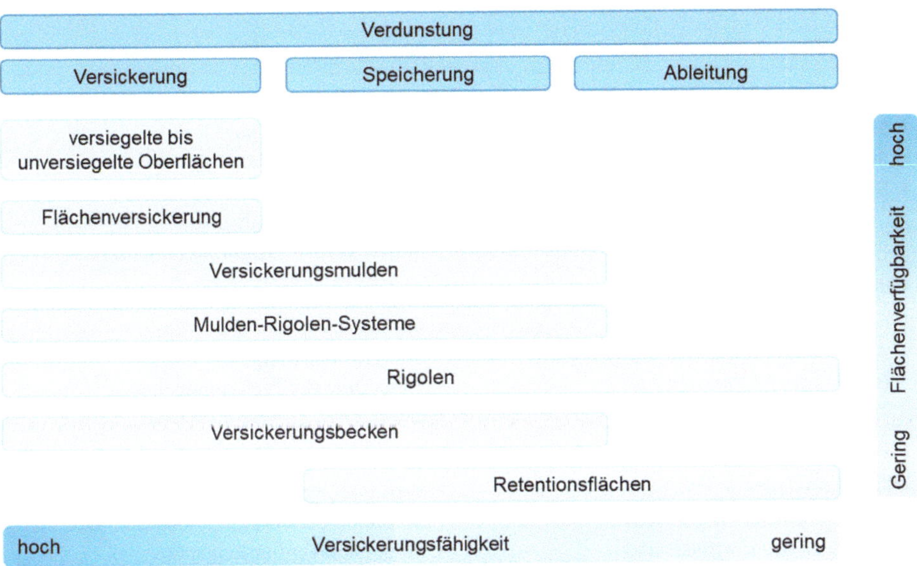

Abb. 3.1 Maßnahmen in Abhängigkeit der Versickerungsfähigkeit und Flächenverfügbarkeit (in Anlehnung an [7])

In der Abb. 3.1 ist eine Übersicht der Maßnahmen in Abhängigkeit von der Versickerungsfähigkeit und der Flächenverfügbarkeit zu sehen. Dabei wird deutlich, dass Maßnahmen nicht eindeutig einer einzelnen Kategorie zugeordnet werden können, sondern Merkmale aus mehreren Kategorien aufweisen. Beispielsweise können Rigolen zur Versickerung und Speicherung beitragen und überschüssiges Wasser die Kanalisation ableiten.

Im Folgenden werden die wichtigsten Voraussetzungen der jeweiligen Maßnahmen sowie ihre Auswirkungen in Tab. 3.8 übersichtlich zusammengefasst. Die Analyse der Maßnahmen bildet unter anderem die Basis der Bewertung der Effekte und der lokalen Gegebenheiten in der Entwicklung der Entscheidungshilfe in Abschn. 5.4.

Die Maßnahmen der Schwammstadt können durch die Integration von Grünflächen und Teichen einen Erholungsraum für die Bewohner schaffen. Durch die höhere Lebensqualität wird die Vermarktung des Quartiers gefördert, außerdem kann die erhöhte Attraktivität die Preisgestaltung positiv für den Bauherrn beeinflussen. Die Gebäudebegrünung hat neben der Reduzierung der Hitzeinseln auch einen positiven Effekt auf die Erhaltung der Bausubstanz. Durch die Abminderung der Sonneneinstrahlung auf die Dächer wird die Dachhaut durch die Dachbegrünung geschützt. Somit wird die Lebensdauer der Materialien um circa 10 bis 20 Jahre verlängert [8].

Durch die Fassadenbegrünungen können zusätzlich die Schallreflexion im Quartier vermindert werden [27].

Tab. 3.8 Übersicht der analysierten Maßnahmen

Voraussetzungen	Auswirkungen
Dachbegrünung	
• Flachdächer besonders geeignet • Steildächer: bei geringer Neigung • Berücksichtigung in Statik	• Steigerung des Mikroklima • Verringerung des Oberflächenabflusses • Steigerung der Freiraumqualität • Erhöhung der Biodiversität • Wartungsaufwand gering (extensiv)
Fassadenbegrünung	
• Intaktheit der Fassade • Ausrichtung der Fassade für geeignete Belichtung der Pflanzen	• Verbesserung des Mikroklimas • Energieeinsparung • Steigerung der Freiraumqualität • Geringer Regenwasserrückhalt
Flächenversickerung	
• Hohe Versickerungsfähigkeit des Bodens • Große Flächenverfügbarkeit • Niedriger Grundwasserstand	• Verringerung des Oberflächenabflusses • Erhöhung der Grundwasserneubildung • Moderates Verdunstungspotenzial • Geringer Wartungsaufwand
Muldenversickerung	
• Geringer Flächenbedarf • Versickerungsfähiger Boden innerhalb des Muldenbereichs	• Verringerung des Oberflächenabflusses • Erhöhung der Grundwasserneubildung • Verdunstungspotenzial • Geringer Wartungsaufwand
Rigolenversickerung	
• Geringer oberirdischer Flächenbedarf • Flächenbedarf im Untergrund • Tiefer Grundwasserspiegel	• Entlastung der Kanalisation • weitgehend wartungsfrei
Retentionsflächen	
• moderater Flächenbedarf • Große Versickerungsfläche für den Überlauf des Wassers nötig	• Verbesserung des Mikroklimas • Förderung der Biodiversität und Freiraumqualität je Gestaltung • Reinigung der Flächen
Regenwassernutzung	
• Geringer Flächenbedarf • Flächenbedarf im Untergrund für Zisterne • Steildächer besonders geeignet	• Entlastung der Kanalisation • Positiver Effekt auf den Wasserhaushalt

Die Analyse der Maßnahmen zeigt deutlich, dass ihre Wirksamkeit stark von den lokalen Gegebenheiten und der konkreten Umsetzung abhängt. Insbesondere bei der Begrünung von Fassaden und Dächern ist zu berücksichtigen, dass diese Maßnahmen eine lange Wachstumsphase erfordern, bevor sie ihre volle Wirkung entfalten können. Dies dauert bei der Fassadenbegrünung in der Regel 5 bis 10 Jahre [27].

Ebenso hängt der Beitrag von Versickerungsmaßnahmen zur Erhöhung der Biodiversität erheblich von der Ausgestaltung ab. Wenn beispielsweise Porenpflaster verwendet werden, ist die Steigerung der Biodiversität im Vergleich zu einer versiegelten Fläche minimal. Im Gegensatz dazu kann eine Grünfläche, die zur Versickerung mit verschiedenen Pflanzenarten angelegt wird, die Biodiversität erheblich fördern. Insgesamt zeigt sich, dass die Wirksamkeit der Maßnahmen stark von der gewählten Umsetzung abhängt und daher nicht pauschal verallgemeinert werden kann. Die verschiedenen Umsetzungsmöglichkeiten sowie die daraus resultierenden Nutzen und Kosten werden im Ausblick der Arbeit in Abschn. 7.3 erneut aufgegriffen.

Für die Analyse der Maßnahmen wird die Kostenaufschlüsselung des KURAS-Leitfadens übernommen. Die umfassende Datengrundlage des KURAS-Leitfadens, basierend auf einer umfangreichen Datenerhebung durch Literaturrecherche, bietet eine fundierte Basis für die Analyse in dieser Arbeit. Außerdem wird der Leitfaden zur weiteren Verwendung für die Entwicklung der Entscheidungshilfe in Abschn. 5.4 genutzt. Des Weiteren werden die Kostenangaben im Leitfaden mittels Umfragen validiert, um die Zuverlässigkeit der Informationen zu erhöhen. Die Investitionskosten im Leitfaden werden auf eine einheitliche Maßeinheit umgerechnet und auf die jährlichen Auszahlungen heruntergebrochen. Diese Standardisierung erleichtert den Vergleich der unterschiedlichen Maßnahmen für die Anwender der Entscheidungshilfe. Bei der Betrachtung der Investitionskosten fällt auf, dass einige Maßnahmen eine sehr weite Kostenspanne aufweisen. Dies kann zu einem erhöhten finanziellen Risiko bei der Auswahl dieser Maßnahmen führen.

Der angegebene Kostenrahmen der extensiven Dachbegrünung liegt zwischen 0,52 und 5,63 €/m²•a und bei der intensiven Begrünung zwischen 0,22 und 21,63 €/m²•a. Die unterschiedlichen Kosten können auf die Vielzahl der Begrünungsformen zurückzuführen sein. Dabei spielen die Dicke des Substrats und die Auswahl der Pflanzen eine wesentliche Rolle bei der Bestimmung der genauen Kostenhöhe [28].

Bei intensiver Dachbegrünung können die Investitionskosten erheblich variieren. Dies liegt an der Vielzahl an Umsetzungsmöglichkeiten für die Begrünung. Neben der Dachneigung und -höhe spielen auch die Bauweise der Begrünung und die Auswahl der Pflanzen eine entscheidende Rolle für die Kostenunterschiede [6].

Auch die Kosten für Fassadenbegrünungen variieren stark. Besonders auffällig ist die große Spanne bei der wandgebundenen Fassadenbegrünung, bei der die Differenz zwischen den minimalen und maximalen Kosten über 76 € beträgt. Dies liegt an den unterschiedlichen Umsetzungsvarianten der wandgebundenen Begrünung. Bei der Nutzung von Regenwasser zur Bewässerung der Pflanzen werden die Kosten von der Größe des Speichers und der Komplexität des Bewässerungssystems beeinflusst [6].

Die angegebenen Investitionskosten, die auch in der Entscheidungshilfe in Kap. 5 berücksichtigt werden, bieten eine erste Orientierung zur Kostenabschätzung. Die tatsächlichen Umsetzungskosten hängen jedoch von der gewählten Ausführungsform ab und sollten bei der Planung detaillierter berücksichtigt werden.

Die aufgeführten Voraussetzungen und Auswirkungen in der Tab. 3.8 werden in der Bewertungsmatrix in Kap. 5 zusammengefasst. Auf Basis der notwendigen Voraussetzungen für die Maßnahmen werden Kriterien für die lokalen Gegebenheiten entwickelt, nach denen die Maßnahmen bewertet werden. Die Auswirkungen der Maßnahmen werden ebenfalls berücksichtigt, um Effekte zu identifizieren, die zur Bewertung herangezogen werden. Diese Effekte werden durch die Analyse der wissenschaftlichen Arbeiten in Kap. 4 sowie durch die in Kap. 5 durchgeführten Interviews verifiziert und auf die spezifischen Bedingungen der privaten Bauwirtschaft abgestimmt.

Literatur

1. *Kolb, W.:* Dachbegrünung – Planung, Ausführung, Pflege. Eugen Ulmer KG, Stuttgart, 2016.
2. *Forschungsgesellschaft Landschaftsentwicklung Landschaftsbau e.V.:* Dachbegrünungsrichtlinien – Richtlinien für Planung, Bau und Instandhaltung von Dachbegrünungen. FLL, Bonn, 2018.
3. *Senatsverwaltung für Stadtentwicklung Berlin:* Konzepte der Regenwasserbewirtschaftung – Gebäudebegrünung, Gebäudekühlung – Leitfaden für Planung, Bau, Betrieb und Wartung. allprint GmbH, Berlin, Berlin, 2010.
4. *Brune, M.; Bender, S und Groth, M:* Gebäudebegrünung und Klimawandel – Anpassung an die Folgen des Klimawandels durch klimawandeltaugliche Begrünung. Report 30. Climate Service Cencter Germany, Hamburg Ausgabe 2017.
5. *Heusinger, J.; Weber, S.:* Comparative microclimate and dewfall measurements at an urban green roof versus bitumen roo. *In: :* Building and Environment, S. 713–723.
6. *Matzinger, A., Riechel, M., Remy, C., Schwarzmüller, H., Rouault, P., Schmidt, M., Offermann, M., Strehl, C., Nickel, D., Sieker, H., Pallasch, M., Köhler, M., Kaiser, D., Möller, C., Büter, B., Leßmann, D., von Tils, R., Säumel, I., Pille, L., Winkler, A., Bartel, H., Heise, S., Heinzmann, B., Joswig, K., Rehfeld-Klein, M., Reichmann, B.:* Zielorientierte Planung von Maßnahmen der Regenwasserbewirtschaftung – Ergebnisse des Projektes KURAS, Berlin, 2017.
7. *Ministerium für Umwelt und Verkehr Baden-Württemberg:* Naturverträgliche Regenwasserbewirtschaftung – Leitfaden für Planer, Ingenieure, Architekten, Kommunen und Behörden, Stuttgart.
8. *Freie und Hansestadt Hamburg, Behörde für Umwelt und Energie:* Auf die Dächer – Fertig – Grün! – Hamburger Gründachförderung, https://www.hamburg.de/resource/blob/281294/35d14726744a3f9082d2fd4265b85576/d-leitfaden-dachbegruenung-data.pdf [Zugriff am: 03.09.2024].

9. *Bundesverband GebäudeGrün e. V.:* Grüne Innovation Fassadenbegrünung, https://www.geb aeudegruen.info/fileadmin/website/downloads/bugg-fachinfos/Fassadenbegruenung/BuGG_G ruene_Innovation_Fassadenbegruenung_2023.pdf [Zugriff am: 19.07.2024].

10. *Kabisch, S.; Rink, D.; Banzahf, E. (Hrsg.):* Die Resiliente Stadt – Konzepte, Konflikte, Lösungen. Springer Spektrum, Heidelberg, 2024.

11. *Forschungsgesellschaft Landschaftsentwicklung Landschaftsbau e. V.:* Fassadenbegrünungsricht-linien – Richtlinien für die Planung, Bau und Instandhaltung von Fassadenbegrünungen. FLL, Bonn, 2018.

12. *Köhler, M. (Hrsg.):* Handbuch Bauwerksbegrünung. Rudolf Müller, Köln.

13. *NABU (Naturschutzbund Deutschland) e. V.:* Umwelt & Ressourcen Ökologisch leben Balkon & Garten Grundlagen Dach & Wand Fassadenbegrünung in der Stadt. Wieso das Grün am Haus für Klima und Tierwelt gut ist, https://www.nabu.de/umwelt-und-ressourcen/oekologisch-leben/bal kon-und-garten/grundlagen/dach-wand/28541.html [Zugriff am: 03.09.2024].

14. *hamburg.de GmbH & Co. KG:* Wie pflege und warte ich eine Fassadenbegrünung?, https://www. hamburg.de/politik-und-verwaltung/behoerden/bukea/themen/hamburgs-gruen/gruendach-und-gruene-fassaden/gruene-fassaden/pflege-und-wartung-von-fassadenbegruenung-281620 [Zugriff am: 03.09.2024].

15. *Wiener Umweltschutzabteilung – Bereich Räumliche Entwicklung:* Leidfaden Fassadenbegrü-nung, Wien, 2019.

16. *Bayrische Landesanstalt für Weinbau und Gartenbau:* Vertikales Grün – Praxisratgeber boden-gebundene Fassadenbegrünung, https://www.lwg.bayern.de/mam/cms06/landespflege/dateien/ lwg_vertikales_gruen_praxisratgeber_bf.pdf [Zugriff am: 03.09.2024].

17. *Bayerisches Staatsministerium für Umwelt und Verbraucherschutz:* Wassersensible Siedlungs-entwicklung – Empfehlungen für ein zukunftsfähiges und klimaangepasstes Regenwasserma-nagement in Bayern Ausgabe Oktober 2020.

18. *Bundesministerium für Nachhaltigkeit und Tourismus, Österreich:* Leitfaden Regenwasserbe-wirtschaftung – Entwicklung flexibler Adaptierungskonzepte für die Siedlungsentwässerung der Zukunft – Praxisleitfaden aus dem Projekt Flexadapt, Wien Ausgabe 2019.

19. *Stadt Karlsruhe, Umwelt- und Arbeitsschutz:* Regen bringt Segen – Versickern statt ableiten – Ein Ratgeber der Stadt Kalsruhe Umwelt- und Arbeitsschutz Ausgabe 2019.

20. *Ingenieurgesellschaft Prof. Dr. Sieker mbH:* Versickerungsmulden, https://www.sieker.de/fac hinformationen/regenwasserbewirtschaftung/versickerung/article/versickerungsmulden-156. html#:~:text=Die%20Muldenversickerung%20ist%20eine%20dezentrale,20%20und%2030% 20cm%20betr%C3%A4gt [Zugriff am: 03.09.2024].

21. *Deutsche Vereinigung für Wasserwirtschaft, Abwasser und Abfall e. V.:* DWA-A 138 – Planung, Bau und Betrieb von Anlagen zur Versickerung von Niederschlagswasser. DWA, Hennef, 2005.

22. *NaturaGart Vertriebs-GmbH:* Teichbeispiele und Preise, https://www.naturagart.de/Teiche/ Ueber-Gartenteiche/Teichbeispiele-und-Preise/?srsltid=AfmBOooZhXYmnakclG0XPjgIW7a oERzhTDHEgwAzShgQuC7gvN-NlzuF [Zugriff am: 04.09.2024].

23. *Fröhlich, H.:* Was kostet ein Gartenteich?, https://www.gartenteich-ratgeber.com/teichbau/um/ bauen-und-planen/was-kostet-ein-gartenteich/ [Zugriff am: 04.09.2024].

24. *Deutsches Institut für Normung e. V.:* DIN EN 16941–1: Vor-Ort-Anlagen für Nicht-Trinkwasser – Teil 1: Anlagen für die Verwendung von Regenwasser. Beuth Verlag, Berlin, 2018.

25. *Fachvereinigung Betriebs- und Regenwassernutzung e. V.:* Energieeffiziente Gebäudeplanung mit Regenwasser – fbr-Wissen. fbr Dialog GmbH, Darmstadt, 2020.

26. *Fachvereinigung Bauwerksbegrünung e. V.:* Grüne Innovation – Fassadenbegrünung.

27. *co2online gemeinnützige Beratungsgesellschaft mbH:* Dachbegrünung: Vorteile, Nachteile, Kosten und Tipps, https://www.co2online.de/modernisieren-und-bauen/anpassung-an-den-klimaw andel/dachbegruenung/#c176703 [Zugriff am: 04.09.2024].

In diesem Kapitel wird der Stand der Technik und der Forschung analysiert. Auf Grundlage der gesetzlichen Vorgaben, Richtlinien, Verordnungen und der aktuellen Regelwerke wird der Stand der Technik ausgewertet. Anschließend erfolgt die Auswertung des Forschungsstandes. Hierzu werden wissenschaftliche Veröffentlichungen analysiert und aufgezeigt, inwiefern die Inhalte für diese Arbeit genutzt werden können.

4.1 Gesetze und Richtlinien

Um einen Überblick über den aktuellen Stand der Technik des Schwammstadt-Konzepts zu erlangen, wird zunächst die gesetzliche Ebene näher erläutert. Dabei werden internationale, nationale und kommunale Gesetze analysiert, wie die Wasserrahmenrichtlinie (WRRL) der EU, das Wasserhaushaltsgesetz (WHG) sowie das Landeswassergesetz Baden-Württemberg (WG) und deren FAQ – Broschüre zum urbanen Wassermanagement. Auf kommunaler Ebene wird die Klimaanpassungsstrategie der Stadt Karlsruhe in Bezug auf das Regenwassermanagement und der Bauwerksbegrünung ausgewertet. Diese Gesetze, Richtlinien und Strategien werden ausgewählt, da sie sich auf den Wasserschutz, die Wassereinsparung und die Erhaltung des Wasserhaushalts beziehen, die ebenfalls zentrale Aspekte des Schwammstadt-Konzepts darstellen. Nachfolgende Abb. 4.1 stellt die Übersicht der gesetzlichen Ebene dar.

© Der/die Autor(en), exklusiv lizenziert an Springer Fachmedien Wiesbaden GmbH, ein Teil von Springer Nature 2025
L. Jourdan, *Schwammstadt-Konzept*, Entwicklung neuer Ansätze zum nachhaltigen Planen und Bauen, https://doi.org/10.1007/978-3-658-48366-1_4

Abb. 4.1 Übersicht der Gesetze und Richtlinien

RICHTLINIE 2000/60/EG (2000) [1]

Die WRRL der EU ist im nationalen WHG verankert. *„Ziel dieser Richtlinie ist die Schaffung eines Ordnungsrahmens für den Schutz der Binnenoberflächengewässer, der Übergangsgewässer, der Küstengewässer und des Grundwassers […]."* [1]. Gründe für die Schaffung des Rahmens sind unter anderem ein stärkerer Schutz des Grundwassers durch eine Reduzierung von Schadstoffen in Gewässern, der langfristige Schutz der Wasserressourcen durch eine nachhaltige Wassernutzung und eine Reduzierung der negativen Auswirkungen von Überschwemmungen und Dürren. Somit soll sichergestellt werden, dass es eine ausreichende und qualitativ hochwertige Versorgung mit Oberflächen- und Grundwasser gibt. Ebenso soll die Verschlechterung des Grundwassers durch Verschmutzung verhindert und die Meeresgewässer geschützt werden.

Die WRRL bildet mit der Anordnung der nachhaltigen Wassernutzung die Grundlage für die Idee der Schwammstadt.

Gesetz zur Ordnung des Wasserhaushalts (2009) [2]

Das WHG dient der Umsetzung der WRRL auf nationaler Ebene. Ziel des Gesetzes ist der Schutz der Gewässer und des Wassers als Lebensgrundlage für Mensch und Tier, sowie als Teil des Naturhaushaltes durch eine nachhaltige Bewirtschaftung der Gewässer. Angewendet werden kann das Gesetz für oberirdische Gewässer und Küstengewässer sowie für das Grundwasser. § 5 des WHG beschreibt die Sorgfaltspflicht bei Maßnahmen, welche Einwirkungen auf die Gewässer haben. Dabei wird darauf verwiesen, dass die Gewässereigenschaften nicht verändert werden sollen. Im Hinblick auf den Wasserhaushalt wird ein rücksichtsvoller und sparsamer Umgang mit Wasser gefordert. Ebenso ist jede Person verpflichtet, einen beschleunigten und vergrößerten Abfluss des Wassers zu vermeiden. In § 6 werden die allgemeinen Grundsätze der Bewirtschaftung beschrieben. Hierbei wird betont, dass die Gewässer nachhaltig zu bewirtschaften sind, sodass die Leistungsfähigkeit als Bestandteil des Naturhaushaltes und als Lebensraum für Tiere und Pflanzen erhalten bleibt und der Wasserhaushalt nicht beeinträchtigt wird. Ziel der nachhaltigen Bewirtschaftung ist die Vorbeugung möglicher Folgen des Klimawandels. Die Folgen des Hochwassers sollen durch einen Rückhalt des Wassers in der Fläche verhindert werden. Außerdem dürfen keine schadstoffreichen Abflüsse in die Gewässer eingeleitet werden. Im Kap. 2, Kap. 4 des WHG wird die Bewirtschaftung des Grundwassers beschrieben. Hierzu steht in § 46, dass es keinerlei Erlaubnis bedarf, Grundwasser für unteranderem den Haushalt zu entnehmen und es ebenso keine Erlaubnis nötig ist, das Niederschlagswasser durch eine schadlose Versickerung in das Grundwasser einzuleiten. Bei der Bewirtschaftung ist darauf zu achten, dass das Grundwasser nicht durch Schadstoffe verschmutzt wird und das Gleichgewicht des Grundwasserstandes durch eine ausgeglichene Entnahme zur Förderung der Neubildung des Wassers gewährleistet wird. Im zweiten Abschnitt des dritten Kapitels beschäftigt sich das WHG mit der Abwasserbeseitigung. Laut § 54 ist Niederschlagswasser dann als Abwasser zu bezeichnen, wenn es von bebauten oder befestigten Flächen stammt und gesammelt abfließt. In § 55 werden die Grundsätze der Abwasserbeseitigung und explizit der Umgang mit Niederschlagswasser beschrieben. Das Gesetz schreibt dazu: *„Niederschlagswasser soll ortsnah versickert, verrieselt oder direkt oder über eine Kanalisation ohne Vermischung mit Schmutzwasser in ein Gewässer eingeleitet werden, soweit dem weder wasserrechtliche noch sonstige öffentlich-rechtliche Vorschriften noch wasserwirtschaftliche Belange entgegenstehen."* [2]

Im Hinblick auf die Umsetzung des Schwammstadt-Konzepts werden mehrere Punkte der § 5 und 6 beachtet. Der natürliche Wasserhaushalt wird durch die Maßnahmen des Konzeptes geschont, ebenso wird der Abfluss reduziert und das Wasser zurückgehalten. Die beschriebene ortsnahe Versickerung des Niederschlagswassers kann ebenfalls durch Maßnahmen und Elemente des Konzepts der Schwammstadt gewährleistet werden und trägt so zu dem Gleichgewicht des Grundwasserspiegels bei. Die Versickerungsmaßnahmen werden durch die Vorschriften des WHG § 55 in die Entscheidungshilfe aufgenommen.

Wassergesetz für Baden-Württemberg (2013) [3]

Das WG hat den Zweck, das nationale WHG in der gültigen Fassung auszuführen und fehlende abschließende Regelungen zu ergänzen. Zusätzlich werden zu den oben genannten Grundsätzen des WHG noch weitere Ziele und Grundsätze beschrieben. Es wird darauf hingewiesen, dass mit der Ressource Wasser sparsam umzugehen ist und die Gewässer vor Schadstoffbelastungen zu schützen sind. Ebenso sollen ökologische Lösungen beim Hochwasserschutz bevorzugt genutzt werden, um den Klimaschutz zu berücksichtigen und die Gewässer vor thermischer Belastung zu schützen. In § 12 des WG werden die Grundsätze der

Bewirtschaftung von Gewässern aufgelistet. Es wird festgesetzt, dass das *„natürliche Was-serrückhaltevermögen zu erhalten ist. Besteht kein natürliches Wasserrückhaltevermögen oder reicht dieses nicht aus, ist es zu verbessern. Eine Stärkung der Grundwasserneubil-dung ist anzustreben. Der Wasserabfluss darf nur aus wichtigem Grund, insbesondere zum Schutz von Siedlungsbereichen vor Hochwasser, beschleunigt werden. "* [3] Ebenso sind bei *„der Planung und Ausführung von Baumaßnahmen und anderen Veränderungen der Erd-oberfläche [...] die Belange der Grundwasserneubildung, der Gewässerökologie und des Hochwasserschutzes zu berücksichtigen."* [3]

Das WG zeigt die Wichtigkeit der Berücksichtigung des Schwammstadt-Konzepts bei der Planung und Ausführung von Bauvorhaben, vor allem bei der Verbesserung des natürlichen Wasserrückhaltevermögens auf. Das WG bildet aufgrund der Vorschrift zur Verbesserung des Wasserrückhaltevermögens die Grundlage der Entscheidungshilfe für die Aufnahme der Retentionsflächen und Dachbegrünungen.

FAQ – Urbanes Wassermanagement (2023) [4]

Neben dem WG gibt es in Baden-Württemberg von der Landesanstalt für Umwelt ein „FAQ – Urbanes Wassermanagement". In dieser Broschüre werden die wichtigsten Fragen für Kommunen im Umgang mit Regenwasser aufgezeigt. Zuerst werden die veränder-ten Niederschlagsverhältnisse in Baden-Württemberg und eine Prognose für die Zukunft veranschaulicht. Im Anschluss werden Gründe erläutert, wieso es sinnvoll ist, dass Kom-munen Regenwassermanagement-Lösungen entwickeln sollen. Dabei wird auf den hohen Versiegelungsgrad in Städten und der direkten Ableitung des Wassers in die Kanalisation eingegangen. Zusätzlich werden die positiven Effekte der oberflächennahen Speicherung des Wassers wie die Verdunstungskühlung und die Entlastung der Kanäle erläutert. Als Lösung wird das Konzept der Schwammstadt und der wassersensible Stadtentwicklung beschrieben. Dabei soll dem Wasser in der Stadt Platz geschaffen werden für den Rückhalt, Nutzung, Verdunstung sowie Versickerung des Wassers, damit eine nachhaltige Stadtentwässerung gewährleistet werden kann. Als Beispiele von Schwammstadt-Maßnahmen werden flächen-breite Versickerungsmöglichkeiten, wie beispielsweise Beete, Versickerungsmulden und –teiche oder Mulden-Rigolen-Systeme, genannt. Ebenso werden Gründächer und Baum-Rigolen aufgezählt, sowie die Entsiegelung der Stadt hervorgehoben und die Nutzung von Regenwasser oder die Grauwasseraufbereitung als Einsparungsoption von Trinkwas-ser beschrieben. Die Maßnahmen, die umgesetzt werden müssen, damit sich eine Stadt zur Schwammstadt entwickelt, werden im Anschluss erläutert. Die wichtigste Maßnahme ist die Entsiegelung der Flächen, gefolgt von Dachbegrünung, dezentraler Versickerung, offene Ableitung, Rückhalteräume und Reaktivierung von Fließgewässern. Dabei werden städtebauliche Optionen aufgezeigt, wie die einzelnen Maßnahmen von den Kommunen umgesetzt werden können. Ebenso zeigt die Broschüre Praxis-Beispiele von schon umge-setzten Raumgestaltungen, die das Schwammstadt-Konzept berücksichtigen. Zum Schluss werden zusätzlich Maßnahmen für eine wassersensible Straßenplanung und -gestaltung aufgezeigt.

Die Broschüre klärt wichtige Fragen des Schwammstadt-Konzepts. Sie beschäftigt sich allerdings nur mit Möglichkeiten, die die Stadtplanung betreffen. Die aufgezeigten Maßnahmen können überwiegend in Bestandsmaßnahmen integriert werden. Das FAQ stellt als Lösung für die Kanalüberlastung und die hohe Versiegelungsfläche in Städten das Konzept der Schwammstadt vor und erläutert die Relevanz des Themas für die nachhaltige Stadtplanung. Ebenso hebt es die Bedeutung der Entsiegelung der Flächen, der Dachbegrünung, der Versickerung und des Wasserrückhalts hervor. Diese Aspekte werden in die eigene Arbeit aufgenommen.

Klimaanpassungsstrategie Stadt Karlsruhe (2021, 2023) [5–7]
Auf kommunaler Ebene gibt es ebenfalls Strategien und Richtlinien, die das Konzept der Schwammstadt aufgreifen oder Teile davon beinhalten. In der Stadt Karlsruhe ist dies die Klimaanpassungsstrategie 2021 des Umwelt- und Arbeitsschutzes. Ebenso gibt es einen Monitoringbericht aus dem Jahr 2023, welcher über die bisher umgesetzten Maßnahmen informiert. Die Klimaanpassungsstrategie von 2021 führt die Klimaanpassungsstrategie der Stadt Karlsruhe von 2013 weiter. In dem Bericht wird dokumentiert, welche Maßnahmen der alten Strategie umgesetzt wurden und welche Maßnahmen in Zukunft geplant sind, um die Stadt klimaresistent anzupassen. Im Monitoringbericht von 2021 wird ein Klimarückblick der Stadt dargestellt sowie die zukünftigen Entwicklungen des Klimas erläutert. Im Anschluss werden die Klimafolgen aufgelistet, die bisher aufgetreten sind. Am Ende werden Indikatoren betrachtet, welche die Anpassungen beschreiben sowie die Maßnahmen aufgezählt und in Steckbriefen beschrieben.

Die Klimaanpassungsstrategie der Stadt Karlsruhe betrachtet 16 Handlungsfelder. Im Folgenden wird auf die Handlungsfelder eingegangen, die im Kontext zum Konzept der Schwammstadt stehen oder Grundlage hierfür sind.

Im Handlungsfeld „Stadtplanung und Städtebau" wird erläutert, dass die städtebaulichen Strukturen klimaoptimiert auszugestalten sind. Dazu gehören laut Stadt Karlsruhe auch Maßnahmen wie die Begrünung von Gebäuden und Freiflächen, ebenso wie die Versickerung und Speicherung von Regenwasser. Ein Ausblick wird im Maßnahmenkatalog der Klimaanpassungsstrategie 2021 bei der Maßnahme „SP-2: Stadtklimatische Aspekte bei Bebauungsplänen" gegeben. Hierbei wird auf die Dachbegrünung, explizit auf den Ausbau von Retentionsdachbegrünungen sowie den Ausbau der Fassadenbegrünung hingewiesen. Diese Maßnahmen sollen in naher Zukunft als Standard in Bebauungsplänen gelten. Ebenso soll die Kombination von Photovoltaik und Dachbegrünung weiter vorangetrieben werden. Auch in der Maßnahme „SP-5 Klimatische Entlastung hitzebelastete Stadtquartiere, Sanierungsgebiete" wird auf die Entsiegelungsmaßnahmen und Begrünungen wie Dach- und Fassadenbegrünung hingewiesen. Die Maßnahme SP-8 soll Vorhabenträger und Bauherren über die Anpassungsmöglichkeiten an das Klima informieren Im Ausblick erläutert die Stadt Karlsruhe die Erweiterung der Beratung mithilfe einer sogenannten „Fibel". Inhaltlich werden darin die Festsetzungen im Gebiet samt ihren Hintergründen erklärt. Des Weiteren sollen Architekten und Planer für die Klimaanpassungsaspekte im Hochbau sensibilisiert werden, um frühzeitig die Maßnahmen der Klimaanpassung in die Bauvorhaben integrieren zu können, da eine nachträgliche Änderung des Planungskonzepts sehr schwierig ist.

Im Handlungsfeld „Stadtentwässerung" werden die Folgen der Starkregenereignisse in den kommenden Jahren behandelt. Ziel ist es dabei, in Neubaugebieten die Flächenversiegelung auf ein Minimum zu halten, um das Niederschlagswasser an Ort und Stelle versickern zu lassen. Weiterhin sollen multifunktionale Bereiche geschaffen werden, welche auch bei einem Starkregenereignis als Rückhaltung nutzbar sind. Die Wichtigkeit einer dezentralen Regenwasserbewirtschaftung, dazu zählt das Schwammstadt-Konzept, wird im Maßnahmenkatalog hervorgehoben. Dabei wird beschrieben, dass diese Maßnahmen neben der Entlastung der Kanalisation auch positive Auswirkungen auf die Grundwasserneubildung haben sowie Kühlungseffekte entstehen. Als Anreiz mehr Wasser auf dem Grundstück versickern zu lassen, sieht die Stadt Karlsruhe die gesplittete Abwassergebühr. Diese regelt die Trennung der Kosten des abzuführenden Niederschlagswasser von den Gebühren des Abwassers.

Die Klimaanpassungsstrategie weist in vielen Maßnahmen Überschneidungen mit dem Schwammstadt-Konzept auf und zeigt deutlich den Handlungsbedarf der Förderung dieses Konzepts in der privaten Bauwirtschaft. Es wird deutlich, dass eine Beachtung der Maßnahmen in einem frühen Planungsstand wichtig ist, damit die Maßnahmen optimal in die Bauvorhaben integriert werden können. Die Maßnahmen der Schwammstadt, wie die Gebäudebegrünung haben einen hohen Stellenwert in der Klimaanpassungsstrategie. Die hervorgehobenen Maßnahmen für den klimaoptimierten Städtebau werden in Kap. 5 berücksichtigt. Dazu zählen die Begrünung der Gebäude sowie die Versickerung und Speicherung von Regenwasser (Tab. 4.1).

Gesetze, Verordnungen und Richtlinien auf europäischer und nationaler Ebene bilden die Grundlage der Umsetzung des Schwammstadt-Konzeptes. Zusammenfassend zeigen die verschiedenen Broschüren des Bundes, der Länder sowie der Kommunen, durch ihre verschiedenen Sichtweisen auf das Thema die Notwendigkeit eines Handlungsbedarfs bei der Umsetzung des Regenwassermanagements sowie der Gebäudebegrünung auf. Ebenso bildet das WHG mit dem § 55 eine Grundlage, Maßnahmen bei der Planung und dem Bau umzusetzen, um den Wasserhaushalt zu verbessern und das Wasser vor Ort versickern zu lassen.

4.2   Normen und aktuelle Regelwerke

Um den Stand der Technik des Schwammstadt-Konzepts analysieren zu können, werden die derzeitigen Richtlinien und Standards zu den Themenbereichen Gebäudeentwässerung, Regenwassermanagement und der Dach- und Fassadenbegrünung erläutert. Die nachfolgende Tabelle gibt einen Überblick über die derzeitigen Regelwerke.

Tab. 4.1 Übersicht der Erkenntnisse und der Verwendung der Arbeit

Erkenntnisse und Verwendung für die Arbeit	
WRRL	**Erkenntnisse** Das Gesetz bildet mit der Anordnung der nachhaltigen Wassernutzung für eine Reduzierung der Auswirkungen durch Überschwemmungen und Dürren die Grundlage der Idee der Schwammstadt
	Verwendung Die Auswahl der Maßnahmen für die Entscheidungshilfe beruhen auf der Grundlage der WRRL
WHG	**Erkenntnisse** Das WHG beschreibt die Grundsätze der Abwasserbeseitigung und den Umgang mit Niederschlagswasser und regelt die Versickerung von Niederschlagswasser, welches eine entscheidende Maßnahme des Schwammstadt-Konzepts ist
	Verwendung Die Versickerung wird auf Grundlage der Hervorhebung des Gesetzes als Maßnahme in Kap. 5 aufgenommen
WG BW	**Erkenntnisse** Das WG schreibt die Erhaltung und die Verbesserung des Wasserrückhaltevermögens vor und ordnet die Berücksichtigung der Grundwasserneubildung und des Hochwasserschutzes bei Baumaßnahmen an
	Verwendung Das WG bildet die Grundlage der Maßnahmen für die Verbesserung des Wasserrückhaltevermögens, wie Teiche und Dachbegrünungen. Diese werden in die Entscheidungshilfe aufgenommen
Erkenntnisse und Verwendung für die Arbeit	
FAQ –Urbanes Wassermanagement	**Erkenntnisse** Das FAQ klärt die wichtigsten Fragen zum Thema Schwammstadt für Kommunen und beschreibt die Maßnahmen und ihre Effekte ausführlich
	Verwendung Die beschriebenen Maßnahmen wie die Dachbegrünung, Versickerungsmulden und Teiche werden in die Entscheidungshilfe aufgenommen. Ebenso werden die positiven Effekte auf die Verdunstungskühlung und die Entlastung der Kanäle in Kap. 5 berücksichtigt

(Fortsetzung)

Tab. 4.1 (Fortsetzung)

Erkenntnisse und Verwendung für die Arbeit	
Klimaanpassungsstrategie	**Erkenntnisse** Die Maßnahmen des Schwammstadt-Konzepts haben in der Klimaanpassungsstrategie einen hohen Stellenwert
	Verwendung Die hervorgehobenen Maßnahmen für den klimaoptimierten Städtebau werden in Kap. 5 berücksichtigt. Dazu zählen die Begrünung der Gebäude sowie die Versickerung und Speicherung von Regenwasser

Die DWA hat das Arbeitsblatt DWA-A 100 „Leitlinien der integralen Siedlungsentwässerung" im Jahr 2006 erarbeitet. Die Anwendung der Arbeitsblätter der DWA ist im Grunde nicht verpflichtend, kann aber durch Vorschriften oder Verträge verbindlich werden. Ziel des Arbeitsblattes ist es, die durch Siedlungsaktivitäten verursachten Veränderungen des natürlichen Wasserhaushalts so gering wie möglich zu halten. Ebenso möchte die DWA mit dem Arbeitsblatt zu einer nachhaltigen Entsorgung des Abwassers beitragen und die negativen Folgen der Siedlungsentwässerung für den natürlichen Wasserhaushalt und Gewässerlebensraum reduzieren [8].

Das Arbeitsblatt DWA-A 138 „Planung, Bau und Betrieb von Anlagen zur Versickerung von Niederschlagswasser" ist von April 2005 und wird derzeit aufgrund strengerer Anforderungen an den Grundwasserschutz sowie neue Erkenntnisse auf die heutigen Herausforderungen angepasst. Das neue Arbeitsblatt DWA-A 138-1 erscheint voraussichtlich im Oktober 2024 und zeigt einen Überblick über die Planung, den Bau und den Betrieb von Maßnahmen zur Versickerung von Regenwasser und verweist dazu auf die Anforderungen der ortsnahen Versickerung des § 55 des WHG. Ebenso erläutert es wichtige Rahmenbedingungen und Maßnahmen zum Boden- und Grundwasserschutz. [9]

Die FLL erarbeitete die Dachbegrünungsrichtlinie. Ebenso wie die Arbeitsblätter der DWA ist die Anwendung der Richtlinien der FLL nicht grundsätzlich verpflichtend. Ziel der Richtlinie ist es, alle Grundsätze sowie Anforderungen für die Planung, die Ausführung und das Warten von Dachbegrünungen darzustellen [10].

Ebenfalls erarbeitete der FLL eine Richtlinie zu Fassadenbegrünungen.

Wie in der Tab. 4.2 und 4.3 zu sehen, beschäftigen sich die DIN-Normen vor allem mit der technischen Umsetzung einzelner Maßnahmen, aber nicht umfassend mit dem Konzept der Schwammstadt, insbesondere des Regenwassermanagements. Die Arbeitsblätter der DWA bieten vor allem auf kommunaler Ebene in der Stadtplanung Unterstützungsmöglichkeiten. Außerdem legen sie Grundlagen für die Planung und Dimensionierung von Regenwasserbewirtschaftungssystemen fest und enthalten Empfehlungen zur Gestaltung von Versickerungsanlagen und Rückhaltebecken. Des Weiteren werden Maßnahmen zur Erhöhung der städtischen Resilienz gegen Überschwemmungen durch lokal angepasste Entwässerungssysteme beschrieben. Die Überarbeitung des Arbeitsblattes DWA-A

Tab. 4.2 Übersicht der Normen und Richtlinien

DIN-Normen und Richtlinien: Regenwassermanagement
DIN 1986–100: Entwässerungsanlagen für Gebäude und Grundstücke – Teil 100: Bestimmungen in Verbindung mit DIN EN 752 und DIN EN 12056
DIN 1989-100: Regenwassernutzungsanlagen – Teil 100: Bestimmungen in Verbindung mit DIN EN 16941-1
DIN EN 16941-1: Vor-Ort-Anlagen für Nicht-Trinkwasser – Teil 1: Anlagen für die Verwendung von Regenwasser
DIN EN 16941-2: Vor-Ort-Anlagen für Nicht-Trinkwasser – Teil 2: Anlagen für die Verwendung von behandelten Grauwasser
DWA-A 100: Leitlinien der integralen Siedlungsentwässerung (ISiE)
DWA-A 138-1: Anlagen zur Versickerung von Niederschlagswasser – Teil 1: Planung, Bau, Betrieb (Entwurf)
DIN-Normen und Richtlinien: Gebäudebegrünung
FLL-Dachbegrünungsrichtline: Richtlinie für Planung, Bau und Instandhaltung von Dachbegrünungen
FLL-Fassadenbegrünungsrichtlinien: Richtlinien für die Planung, Bau und Instandhaltung von Fassadenbegrünungen
DIN 18531: Abdichtung von Dächern sowie von Balkonen, Loggien und Laubengängen Teil 1–5
DIN 18915–18.919: Vegetationstechnik im Landschaftsbau

138 zeigt das gestiegene Interesse an der Umsetzung des Regenwassermanagements. Normen und Richtlinien in der Gebäudebegrünung beschränken sich fast ausschließlich auf die Richtlinien der FLL. Dabei bieten die Richtlinien zur Fassaden- und Dachbegrünung umfassende Informationen zur Auswahl geeigneter Pflanzen, Systeme und Leitlinien, die sowohl technische als auch gestalterische Aspekte abdecken.

4.3 Wissenschaftliche Veröffentlichungen

Der aktuelle Forschungsstand wird mithilfe von wissenschaftlichen Veröffentlichungen zum Thema analysiert. Zur Auswertung der Arbeiten wird zunächst die Zielstellung und die Vorgehensweise beschrieben. Im Anschluss wird das Ergebnis aufgezeigt und erläutert, inwiefern dies für die eigene Arbeit genutzt werden kann.

Matzinger, A. et al. (2017) [11]

Zielstellung
Aufgrund des Fehlens einer effektiven Bewertung von Einzelmaßnahmen der Regenwasserbewirtschaftung für eine standortgerechte Auswahl von Maßnahmen sowie das Fehlen an Methoden für eine Planung der Maßnahmen auf städtischer Ebene, wird das Projekt KURAS Leben gerufen. Ziel des Projektes ist es, einerseits bereits existierende Maßnahmen

Tab. 4.3 Erkenntnisse und Verwendung der Normen und Regelwerke

Erkenntnisse und Verwendung für die Arbeit	
Arbeitsblätter der DWA	**Erkenntnisse** Die Arbeitsblätter bieten einen Überblick über die Planung, den Bau und den Betrieb von Maßnahmen zur Versickerung von Regenwasser
	Verwendung Die Informationen aus den Arbeitsblättern werden in Kap. 5 zur Entwicklung der Entscheidungshilfe herangezogen. Dabei liegt der Fokus insbesondere auf den in den Arbeitsblättern beschriebenen lokalen Gegebenheiten und Anforderungen der Maßnahmen
Richtlinien der FLL	**Erkenntnisse** Ziel der Richtlinie ist es, alle Grundsätze sowie Anforderungen für die Planung, die Ausführung und das Warten von Dach- und Fassadenbegrünungen darzustellen
	Verwendung Die Richtlinien der FLL dienen zur Definition der lokalen Gegebenheiten für Dach- und Fassadenbegrünungen

zu bewerten und andererseits eine Methode zu entwickeln, welche die Planung der Maßnahmen für ein Stadtquartier unter Berücksichtigung der Bewertung der einzelnen Maßnahmen beabsichtigt. Ebenso werden die Auswirkungen der unterschiedlichen Kombinationen der Maßnahmen betrachtet.

Vorgehensweise

Die Ergebnisse des Projektes sind im KURAS-Leitfaden veröffentlicht. Die untersuchten Maßnahmen der Regenwasserbewirtschaftung werden in die drei Kategorien Gebäude- und Grundstücksebene, Quartiersebene und Kanaleinzugsgebietsebene eingeteilt und im Leitfaden grob erläutert. Zu den einzelnen Maßnahmen werden Steckbriefe erarbeitet, in denen Informationen zu finden sind, wie unter anderem eine nähere Beschreibung inklusive Funktionsbeschreibung und Aufbau, Hinweise zur Planung und Bemessung, Wirkung der Maßnahme sowie die Entscheidungsmatrix der Effekte.

In der folgenden Abb. 4.2 werden die untersuchten Maßnahmen aufgelistet:

Im nächsten Kapitel werden die Effekte der Maßnahmen bewertet, um die Wirksamkeit der Maßnahmen zu analysieren. Dazu werden die in der Tab. 4.4 aufgeführten acht Effekte näher beschrieben. Betrachtet werden Effekte auf Bewohner, Umwelt und Ökonomie. Die Untersuchung erfolgt für alle Maßnahmen auf Grundlage quantitativer Indikatoren, um eine Vergleichbarkeit der unterschiedlichen Maßnahmen zu schaffen. Anschließend werden die Ergebnisse in eine Matrix überführt. In der Entscheidungsmatrix werden die Ergebnisse der quantitativen Bewertung sowie die Eignung der Maßnahmen dargestellt. Die Bewertung der Effekte erfolgt durch eine graphische Bewertung in Form von Symbolen.

Im fünften Kapitel wird die KURAS-Methode vorgestellt. Diese Methode ist entwickelt worden, um Maßnahmenkombinationen für Stadtquartiere zu erstellen. Dabei werden die

Gebäude-/ Grundstückebene:

Gebäudebegrünung:
- Dachbegrünung
- Fassadenbegrünung

Regenwassernutzung:
- Bewässerung
- Betriebswasser
- Gebäudekühlung

Quartiersebene:

Entsiegelung:
- Teilversiegelte Oberflächenbefestigung

Versickerung:
- Flächen- und Muldenversickerung
- Rigolen / Mulden-Rigolen-Systeme
- Mulden-Rigolen-Tiefbeete
- Baumrigolen

Künstliche Wasserflächen:
- Teiche
- Wasserführende Gräben

Kanaleinzugsgebietsebene:

Reinigung:
- Reinigung am Straßenabfluss
- Regenklärbecken
- Schrägkläranlagen
- Retentionsbodenfilter
- Sonderformen

Stauraum im Kanal:
- Regenüberlaufbecken
- Stauraumkanal
- Stauraumaktivierung
- Regenrückhaltebecken

Abb. 4.2 Übersicht der ausgewählten Maßnahmen

Tab. 4.4 Übersicht der ausgewählten Effekte in der Entscheidungsmatrix

Bewohner	Umwelt	Ökonomie
Nutzen auf Gebäudeebene	Biodiversität	Direkte Kosten
Freiraumqualität	Grundwasser + Bodenpassage	Ressourcennutzung
Stadtklima	Oberflächengewässer	

gewünschten Ziele, die Problemanalyse des ausgewählten Quartiers und die Machbarkeit der Umsetzung der Maßnahmen zusammen mit den Maßnahmenbewertungen gekoppelt, um standortspezifische und geeignete Maßnahmen auswählen und im Stadtquartier platzieren zu können. Die endgültige Auswahl der Maßnahmen findet im Diskurs statt, um den lokalen Bedürfnissen und den übergeordneten Zielen gerecht zu werden. Das Vorgehen wird in Abb. 4.3 dargestellt. Als Veranschaulichung der Methode wird sie auf zwei Stadtquartiere in Berlin, die Bezirke Pankow und Tempelhof-Schöneberg, angewandt. Zunächst wird das jeweilige Stadtquartier kurz erläutert, um anschließend eine Problemanalyse hinsichtlich der acht Effekte durchzuführen. Im Anschluss wird die Machbarkeit der Maßnahmen aufgrund von physikalischen sowie baulichen Gegebenheiten analysiert. Dabei wird unter anderem untersucht, auf welchen Gebäuden Dach- oder Fassadenbegrünungen möglich sind . Für

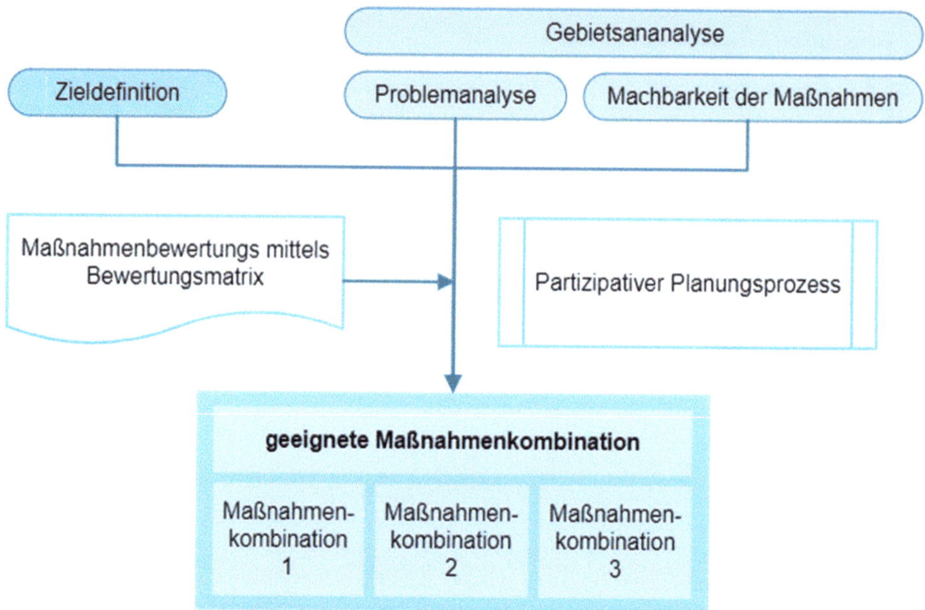

Abb. 4.3 Schematische Übersicht des Vorgehens der KURAS-Methode

eine optimale Lösungsfindung werden im nächsten Schritt die notwendigen Stakeholder eingebunden und mit ihrer Hilfe Ziele definiert, welche Effekte bei der Maßnahmenauswahl priorisiert werden sollen. Auf Grundlage der Problemanalyse, Machbarkeitsstudie und Priorisierung der Ziele werden Maßnahmenkombinationen für beide Stadtquartiere in einem partizipativen Planungsprozess von drei unterschiedlichen Gruppen erstellt. Zum Abschluss werden die Auswirkungen der ausgewählten Maßnahmenkombination auf die acht Effekte betrachtet.

Fazit und Verwendung
Die Analyse der Maßnahmenkombinationen zeigt ein großes Potenzial für verbesserte Umweltbedingungen sowie Lebensqualität in Städten auf. Daher empfehlen die Autoren, die Regenwasserbewirtschaftungsmaßnahmen in die Planung von Quartieren zu integrieren. Ebenfalls kommen die Autoren zu dem Schluss, dass eine maßnahmenoffene Planung wichtig ist, um die vielfältigen Vorteile der einzelnen Maßnahmen nutzen zu können. Die frühe Auswahl von Zielen, welche durch die Umsetzung der Maßnahmen erreicht werden soll, ist für den Erfolgsfaktor sehr wichtig. Eine weitere Erkenntnis, welches sich aus dem KURAS-Projekt ergeben hat, ist die Wichtigkeit der frühen Einbindung der Regenwasserbewirtschaftung bereits in der Leistungsphase 0 eines Bauprojektes. Für die Stadtplanung wird empfohlen, dass die Regenwasserbewirtschaftung bereits in der Bauleitplanung festgeschrieben werden sollte, sodass die Maßnahmen bei neuen Bauvorhaben berücksichtigt

werden. Betont wird allerdings, dass die Regelungen die Maßnahmen nicht einschränken
dürfen, sondern eine Flexibilität in der Auswahl passend für die Projekte möglich sein soll.
Es wird darauf hingewiesen, dass es einen dringenden Handlungsbedarf bei der Anpassung
des rechtlichen Rahmens gibt, um den aktuellen Stand der Regenwasserbewirtschaftung
gerecht zu werden. Neben der Versickerung müssen weitere Möglichkeiten der Bewirtschaftung wie die Verdunstung, der Regenwasserrückhalt oder die Regenwassernutzung
in den Vordergrund rücken und die gesetzlichen Rahmenbedingungen dementsprechend
aktualisiert werden.

Diese wissenschaftliche Arbeit wird analysiert, da sie im Rahmen einer Förderung des
Bundesministeriums für Bildung und Forschung entstanden ist und relevante Erkenntnisse im
Zusammenhang mit den Maßnahmen der Regenwasserbewirtschaftung und der Bewertung
von Effekten dieser Maßnahmen liefert, die in direktem Zusammenhang mit dem Thema
der Schwammstadt stehen. Maßnahmen, welche in dem Leitfaden beschrieben sind, werden
in diese Arbeit übernommen. Darunter fallen die Gebäudebegrünungen, die Regenwassernutzung, die Versickerungsmaßnahmen und die Retentionsflächen. Im Leitfaden werden
die Maßnahmen aufgrund von ausgewählten Effekten bewertet. Einige dieser Effekte werden für die Entwicklung der Entscheidungshilfe in Abschn. 5.4 übernommen und in den
Interviews den Interviewpartnern präsentiert. Darunter zählen die Effekte der Maßnahmen
auf die Biodiversität, das Mikroklima, die Freiraumqualität, die Verringerung des Oberflächenabflusses und die Investitionskosten. Anhand dieser Effekte werden die Maßnahmen in
der Bewertungsmatrix und der darauffolgenden Entscheidungsmatrix nach den priorisierten
Wirkungen ausgewählt. Unter Berücksichtigung der Interviewgebnissen in Abschn. 5.3.1
wird eine Auswahl an Effekten getroffen, die für die private Bauwirtschaft geeignet sind.
Basierend auf diesen Ergebnissen werden die gewünschten Effekte in der Entscheidungshilfe
formuliert. Ebenso wird die Bewertung der oben genannten Effekte aus den Steckbriefen in
die Bewertungsmatrix übernommen. Die frühzeitige Entwicklung der Zielvorgaben wird im
Fazit der Forschungsarbeit hervorgehoben, da sie von zentraler Bedeutung für den Erfolg
der Regenwasserbewirtschaftungsmaßnahmen ist und Voraussetzung für die Entscheidung
einer Maßnahmenauswahl darstellen. Die frühzeitige Definition der Zielvorgaben wird in
Abschn. 5.4 berücksichtigt. Der Nutzer der Entscheidungshilfe wird in der Checkliste 1
dazu aufgefordert, die gewünschten Wirkungen und Ziele der Maßnahmen zu definieren
und zu priorisieren. Diese Priorisierung der Ziele ist die Basis der Auswahl der Maßnahmen
in der Entscheidungsmatrix. Das Vorgehen der Gebietsanalyse in der KURAS-Methode
wird teilweise in die Entscheidungshilfe übernommen, da die Publikation die Relevanz
und Bedeutung besonders betont. Der Fokus liegt dabei insbesondere auf der Machbarkeit
der Maßnahmenumsetzung, also auf den Voraussetzungen, die für die Durchführung der
jeweiligen Maßnahmen erfüllt sein müssen. Die Gebietsanalyse ist die Basis für die Entscheidung, in der Bewertungsmatrix zuerst die Maßnahmen auf die lokalen Gegebenheiten
zu untersuchen. In der Checkliste 1 der Entscheidungshilfe werden die Nutzer aufgefordert,
Informationen und Daten über die Gegebenheiten und Voraussetzungen zu sammeln. Dies
ist vergleichbar mit der Machbarkeitsanalyse im KURAS-Leitfaden.

Stadt Zürich (2023) [12]

Zielstellung

Das Gewässerschutzgesetz der Schweiz schreibt die Aufrechterhaltung des natürlichen Wasserkreislaufes vor und nennt dabei als zentrale Aspekte die Versickerung und Verdunstung des Regenwassers. Für die Umsetzung der Vorgaben hat eine Arbeitsgruppe die „Arbeitshilfe zum guten Umgang mit Regenwasser" für das Tiefbauamt der Stadt Zürich entwickelt. Ziel der Arbeitshilfe ist es, eine Entscheidungsgrundlage für die Planung von Verdunstungs- und Versickerungsmaßnahmen für den Bau von Straßen und Plätzen zu entwerfen. Es sollen zunächst Vorabklärungen getroffen und ein Überblick über die möglichen Umgangsweisen mit Regenwasser erstellt werden. Auf dieser Basis werden Gestaltungsformen für die blaugrüne Infrastruktur vorgestellt, um eine fundierte Entscheidungsgrundlage für die Planung von Infrastrukturbauten des Tiefbauamtes zu schaffen.

Vorgehensweise

Im ersten Schritt der Arbeitshilfe werden Randbedingungen, welche von zentraler Bedeutung für die Zulässigkeit sind, sowie weitere Faktoren, die für die Machbarkeit der Umsetzung relevant sind untersucht. Dabei werden Randbedingungen wie der Gewässerschutzbereich, die Altlasten und die Sickerleistung von Böden analysiert und Faktoren wie Hitzebelastung, Tausalzbelastung oder Topografie beschrieben. Im nächsten Schritt wird zunächst eine Priorisierung getroffen, um zu entscheiden, wie mit dem Regenwasser umgegangen werden soll. Diese sind in Abb. 4.4 dargestellt. Die Entsiegelung der Städte sowie Verdunstungsmaßnahmen stehen dabei an erster Stelle.

In der Arbeit wird in vier Systemtypen unterschieden und diese jeweils erläutert:

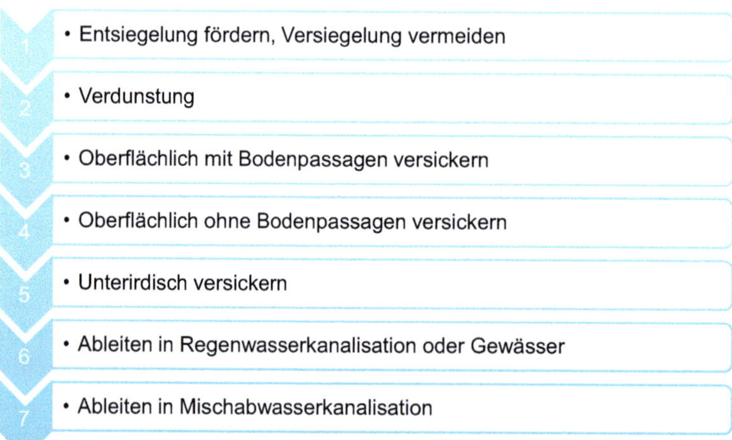

Abb. 4.4 Übersicht der Priorisierung der Maßnahmen

- Typ 1: Oberflächliche Versickerung mit Bodenpassage
- Typ 2: Oberflächliche Versickerung ohne Bodenpassage
- Typ 3: Unterirdische Versickerung ohne Bodenpassage
- Typ 4: Ergänzende blau-grüne Elemente

Im darauffolgenden Kapitel werden die oben genannten Systemtypen mit ihren unterschied-lichen Ausgestaltungen in zwei Bewertungsmatrizen dargestellt. Die unterschiedlichen Ausgestaltungen der Systeme entsprechen einzelnen Maßnahmen der Regenwasserbewirt-schaftung, wie beispielsweise Versickerungsmulden oder Begrünungen. Die Bewertung erfolgt über qualitative Indikatoren. Dabei bedeutet „0" kein Effekt, „+" leichter Effekt und „++" starker Effekt. In der ersten Matrix wird die Wirkung der aufgelisteten Maß-nahmen bewertet. Dabei wird die Wirkung in Grundwasserneubildung, Hitzeminderung, Biodiversitätsförderung und Reduktion des Oberflächenabflusses unterschieden. Unterhalb der Entscheidungsmatrix werden die Effekte erläutert. Die zweite Matrix beschreibt die Beeinflussung der lokalen Voraussetzungen. Dabei werden als Voraussetzungen die Befahr-barkeit, Kolmatierungsgefahr, das potenzielle Einzugsgebiet, die Retentionsmöglichkeit und der Unterhaltungsaufwand genannt. Zur Bewertung der Maßnahmen werden die Farben rot, gelb, grün und weis genutzt. Die Definition der Farben sowie die Erklärung der Voraus-setzung wird unterhalb der Matrix erläutert. Sie unterscheidet sich je nach Voraussetzung zwischen „möglich" und „nicht möglich" oder in die Einteilung groß, mittel und klein. Keine Einfärbung des Feldes bedeutet, dass die Voraussetzung für die jeweilige Maßnahme nicht relevant ist. Nach der Übersicht der Bewertung wird für jede Ausgestaltung ein Steck-brief entwickelt. In den Steckbriefen sind Informationen über die jeweiligen Maßnahmen zu finden. Ebenso werden die Zulässigkeiten, Eigenschaften, Anwendungsbereiche und Wir-kungsfelder genannt und eine Dimensionierungshilfe aufgezeigt. Im Anschluss werden für jede Maßnahme Beispiele zur Umsetzung aufgezeigt und deren Wirkung beschrieben.

Fazit und Verwendung
Durch die Arbeitshilfe wird die Dringlichkeit des Handlungsbedarfs auch im Straßenbau deutlich. Hervorgehoben wird die Voruntersuchung der Randbedingungen und Faktoren, um eine passende Auswahl der Maßnahmen treffen zu können. Ebenfalls wird aus der Arbeitshilfe ersichtlich, dass die Entsiegelung von bereits bestehenden Flächen oder die Vermeidung der Versiegelung bei Neubauten höchste Priorität hat, gefolgt von Verduns-tungsmaßnahmen. Außerdem zeigt die Veröffentlichung die hohe Relevanz der Bewertung der Maßnahmen nach den lokalen Voraussetzungen und deren Wirkung auf.

Die Arbeitshilfe der Stadt Zürich wird aufgrund ihrer klaren Strukturierung und Unter-teilung der Bewertungsmatrizen in lokale Voraussetzungen und Wirkungen untersucht, was bereits in anderen Veröffentlichungen als sinnvoll hervorgehoben wird. Die Bewertung der Ausgestaltungen auf Basis der Wirkung und der Voraussetzungen wird in dieser Arbeit auf die Maßnahmen der Schwammstadt adaptiert. In der Bewertungsmatrix in Abschn. 5.4 werden die Maßnahmen aufgrund der lokalen Gegebenheiten und der Effekte bewertet. Dafür werden die Voraussetzungen in den Wertebereich möglich, bedingt möglich und nicht möglich untergliedert. Die Farbauswahl in Rot, Orange und Grün entspricht der Bewertungsmatrix der Stadt Zürich. In der Arbeitshilfe werden Maßnahmen, bei denen die Voraussetzungen maßgeblich von der Umsetzung abhängig ist, mit Doppelfarben gekennzeichnet. Dies trifft auch auf ausgewählte Maßnahmen in der eigens entwickelten Entscheidungshilfe zu, weshalb die Kennzeichnung übernommen wird. Die Kriterien „Biodiversitätsförderung" und „Reduktion Oberflächenabfluss" werden ebenfalls in der Bewertungsmatrix aufgegriffen. Die Darstellung der Indikatoren in der Matrix der betrachteten Wirkungen wird mit „+" – Symbolen abgebildet. Dies liefert einen schnellen Überblick über die Auswirkungen der Maßnahmen. In der eigenen Arbeit werden ebenfalls „+"–Symbole genutzt, um die Effekte visuell dazustellen. Im Gegensatz zur Arbeitshilfe der Stadt Zürich werden auch negative Effekte in der Matrix dargestellt. Auf eine Einteilung in zwei Matrizen wird aufgrund der verschlechterten Übersichtlichkeit abgesehen.

Kruse, E. (2014) [13]

Zielstellung

Die Arbeit untersucht Gestaltungsstrategien sowie Planungsinstrumente für Städte und Gemeinden für eine optimale Umsetzung des integrierten Regenwassermanagement (IRWM) auf der gesamtstädtischen Ebene. Unter Gestaltungsstrategie wird das strategische Vorgehen im Umgang mit Regenwasser bei gleichzeitiger gestalterischer Qualität verstanden. Das Ziel der Dissertation ist es, Kriterien für die großräumige Gestaltungsstrategie zu identifizieren und Empfehlungen für die Implementierung der IRWM auf städtischer Ebene, vor allem für hochverdichtete, innerstädtische Quartiere, zu formulieren.

Vorgehensweise

Zuerst werden vier internationale Referenzstädte analysiert, welche bereits das IRWM gesamtstädtisch in die Stadtplanung integriert haben. Bei der Analyse der Städte werden die angewandten Planungsinstrumente, die Gestaltungsstrategien und die Kriterien herausgearbeitet. Auf dieser Grundlage werden 13 Arbeitsschritte des IRWM formuliert. Ebenso werden drei großräumige Gestaltungsstrategien erarbeitet und deren Anwendungskriterien festgelegt. Die Strategie „Grünes Netzwerk", bei der die Versickerung über grüne Elemente wie Grünflächen oder Bäume stattfindet, ist vor allem für Städte geeignet, die einen Boden mit einem hohen Versickerungspotenzial aufweisen. Das „temporäre blaue Netzwerk" kann dann umgesetzt werden, wenn das „grüne Netzwerk" nicht realisierbar ist, wie unter anderem aufgrund von Platzverhältnissen oder versickerungsunfähigen Böden. Bei dieser Strategie werden gewisse Räume bei Starkregenereignisse vorübergehend geflutet, bis das Kanalnetz wieder genügend Kapazität aufweist. Die dritte erarbeitete Gestaltungsstrategie ist das „blaugrüne Netzwerk". Hierbei werden verbaute oder kanalisierte Gewässerabschnitte für eine naturnahe Gestaltung wieder geöffnet. Zum Schluss wird die Anwendung der Arbeitsschritte und die Strategie am Beispiel der Stadt Hamburg überprüft. Für das Anwendungsbeispiel wird zunächst die städtebauliche und wasserwirtschaftliche Situation der Stadt Hamburg und die bisher genutzten Planungsinstrumente analysiert. Durch das Aufzeigen von Potenzialen der Integrierung des IRWM werden Handlungsempfehlungen ausgesprochen. Im Schlussteil der Arbeit werden die Arbeitsschritte und die Übertragung der Gestaltungsstrategien auf andere Städte reflektiert und eine Planungsempfehlung anhand der Kriterien für weitere Kommunen abgeleitet.

Fazit und Verwendung
Die Arbeit zeigt, dass eine Umsetzung von Anpassungskonzepten zu einer nachhaltigen Stadtentwicklung beitragen kann. Die drei Gestaltungsstrategien mithilfe der erarbeiteten Arbeitsschritte führen zu einer Integration von Wasser in selbst dicht bebauten Innenstädten. Ebenso zeigt die Arbeit, dass die Analyse der Versickerungsfähigkeit des Bodens sowie die Ermittlung der potenziellen Flächen notwendig ist, um eine passende Gestaltungsstrategie auszuwählen. Die erarbeiteten Arbeitsschritte und Strategien sind vor allem für Kommunen gedacht.

Die drei Gestaltungsstrategien können auf die Maßnahmenauswahl für kleinere Projekte in der privaten Bauwirtschaft übertragen werden. Beispielsweise können Gebäudebegrünungen als Form des „grünen Netzwerks" gesehen werden sowie Mulden und Rigolen als „temporär blaues Netzwerk". Durch die Auswahl von Retentionsflächen oder Mulden kann die Gestaltungsstrategie des „blau-grünen Netzwerks" in die private Bauwirtschaft übertragen werden. Der sechste Arbeitsschritt bezieht sich auf die Durchführung von Voruntersuchungen, um geeignete Strategien auszuwählen oder zu entwickeln. Hierbei wird die Ermittlung des Versickerungspotenzials des Bodens und die Analyse des Flächenpotenzials auf privaten Grundstücken und öffentlichen Räumen hervorgehoben. Diese Voruntersuchungen werden in der Entscheidungshilfe in Abschn. 5.4 als Bewertungspunkte der lokalen Voraussetzungen übernommen, da diese Untersuchungen in der Publikation als entscheidend für eine fundierte Auswahl der Maßnahmen hervorzuheben sind.

4.4 Auswertung der wissenschaftlichen Arbeiten

Die Arbeiten zeigen deutlich die derzeitige Relevanz des Themas sowie den Handlungsbedarf bei der Umsetzung auf. In Tab. 4.5 sind die wichtigsten Aussagen der analysierten Veröffentlichungen sowie die Erkenntnisse und ihre Verwendung in dieser Arbeit dargestellt. Die wissenschaftlichen Veröffentlichungen beschäftigen sich in den meisten Fällen mit den Auswirkungen und Umsetzungen der Maßnahmen der Regenwasserbewirtschaftung in Bezug auf Kommunen und deren Bestandsstadtquartiere oder dem Straßenbau. Dabei fehlt es an Implementierungsbeispielen für die Umsetzung der Maßnahmen bei einem Neubau in der privaten Bauwirtschaft. Oftmals bieten die Arbeiten eine Übersicht der Maßnahmen und deren Effekte, aber keine konkreten Entscheidungskriterien für die Umsetzung. Der KURAS-Leitfaden verdeutlicht die Effekte und Auswirkungen von Maßnahmen bei der Integration in bestehende Stadtquartiere. Die KURAS-Methode sieht dabei die Platzierung von Regenwassermanagement- und Begrünungsmaßnahmen

Tab. 4.5 Aussagen der analysierten Veröffentlichungen

Autor	Erkenntnisse und Verwendung für die Arbeit
Matzinger et. al.	**Erkenntnisse** • Große Wirkung auf Umweltbedingungen durch Maßnahmenkombination • Frühe Entscheidung der gewünschten Ziele und Effekte der Maßnahmen • Ermöglichung einer maßnahmenoffenen Planung • Frühe Einbindung des Konzepts bereits bei Leistungsphase • Maßnahmen wie Verdunstung und Rückhalt ebenfalls wichtig **Verwendung** • Maßnahmen zu Gebäudebegrünung, Regenwassernutzung, Versickerungsmaßnahmen und Retentionsflächen werden in Abschn. 5.4 integriert • Definition der Zielvorgaben: Nutzer wird in der Checkliste 1 zur frühzeitigen Festlegung und Priorisierung der gewünschten Effekte aufgefordert • Effekte aus dem Leitfaden (Biodiversität, Mikroklima, Freiraumqualität, Verringerung des Oberflächenabflusses) werden nach Analyse der Interviewergebnisse in Kap. 5 in die Matrizen aufgenommen • Gebietsanalyse wird in die Bewertungsmatrix adaptiert, um lokale Gegebenheiten zu berücksichtigen
Stadt Zürich	**Erkenntnisse** • Voruntersuchung der Randbedingungen für passende Maßnahmen • Entsiegelung und Vermeidung der Versiegelung hat höchste Priorität, gefolgt von Verdunstungsmaßnahmen • Hohe Relevanz der Bewertung der Maßnahmen nach lokalen Voraussetzungen und der Auswirkungen der Maßnahmen • Gestaltung der Entscheidungsmatrizen zeigt übersichtliche Darstellung der Maßnahmen **Verwendung** • Voruntersuchungen der Randbedingungen fließen in die Checkliste 1 ein • Bewertung der Maßnahmen nach lokalen Voraussetzungen und Auswirkungen wird in die Bewertungsmatrix übernommen • Dabei werden die Voraussetzungen in lokale Gegebenheiten und die Auswirkungen auf die ausgewählten Effekte durch die Interviewergebnisse geändert • Gestaltung der Matrizen und Auswahl der Indikatoren wird in Abschn. 5.4 für die Bewertungsmatrix verwendet
Autor	**Erkenntnisse und Verwendung für die Arbeit**

(Fortsetzung)

Tab. 4.5 (Fortsetzung)

Autor	Erkenntnisse und Verwendung für die Arbeit
Kruse	**Erkenntnisse** • Umsetzung der Anpassungskonzepte führt zur nachhaltigen Stadtentwicklung • Analyse der Versickerungsfähigkeit und der potenziellen Fläche ist wichtig für die Auswahl geeignete Maßnahmen
	Verwendung • Durchführung von Voruntersuchungen wird in Checkliste 1 integriert • Analyse des Versickerungspotenzials des Bodens erfolgt durch Anforderung eines Bodengutachtens in den Abklärungspunkten der Checkliste 1 • Topologie und Flächenpotenzial werden als Abklärungspunkte in Checkliste 1 aufgenommen • Kriterien der Versickerungsfähigkeit und Flächenpotenzial werden als lokale Gegebenheiten in die Bewertungsmatrix übernommen

in vorhandenen urbanen Quartieren vor. Es bleibt jedoch die Frage offen, wie praktikabel die Umsetzung dieser Methode ist, wenn Maßnahmen auch auf privatem Eigentum realisiert werden sollen. Ebenso beschränkt sich die Arbeit von Kruse auf die Möglichkeiten für Städte und Kommunen ausschließlich im öffentlichen Bereich. Die Arbeitshilfe der Stadt Zürich beschäftigt sich konkret mit den Voraussetzungen für die Umsetzung. Dabei bezieht sich die Entscheidungshilfe aber nur auf Maßnahmen im öffentlichen Straßenbereich.

Die im Abschn. 4.3 beschriebenen wissenschaftlichen Arbeiten liefern wertvolle Anhaltspunkte für die Entwicklung einer Entscheidungshilfe zur Integration des Schwammstadt-Konzepts in der privaten Bauwirtschaft. Die Veröffentlichungen zeigen auf, dass die Integrierung der Maßnahmen in städtische Gebiete ein hohes Potenzial zur Verbesserung der nachhaltigen Stadtentwicklung bietet. Es wird jedoch deutlich, dass Planungsinstrumente erforderlich sind, um den Übergang von großräumigen Konzepten, wie sie für die kommunale Ebene entwickelt wurden, auf kleinere Bauvorhaben zu ermöglichen. Obwohl die existierenden Leitfäden und Forschungen für die Anwendung auf städtischer Ebene bereits klare Ansätze liefern, fehlt es in der Praxis an spezifischen Tools für die private Bauwirtschaft, die bei der Auswahl von Schwammstadt-Maßnahmen helfen können. Basierend auf diesen Erkenntnissen wird die Entwicklung einer praxisorientierten Entscheidungshilfe für die private Bauwirtschaft als notwendig erachtet. Ziel ist es, eine Methode zu schaffen, die es den Akteuren der Bauwirtschaft ermöglicht, Maßnahmen der Schwammstadt effektiv und an ihre spezifischen Bedürfnisse angepasst auszuwählen und in Bauvorhaben zu integrieren. Die in den vorangegangenen Studien verwendeten Bewertungs- und Planungsinstrumente werden hierfür angepasst und weiterentwickelt, um eine praktikable Lösung für die private Bauwirtschaft zu bieten.

Literatur

1. *Europäisches Parlament und Rat: Richtlinie 2000/60/EG des Europäischen Parlaments und des Rates zur Schaffung eines Ordnungsrahmens für Maßnahmen der Gemeinschaft im Bereich der Wasserpolitik (Wasserrahmenrichtlinie – WRRL) in der Fassung vom 23.10.2000, letzte berücksichtigte Änderung vom 31.10.2014.* Europäisches Parlament und Rat.

2. *Deutscher Bundestag:* Gesetz zur Ordnung des Wasserhaushalts (Wasserhaushaltsgesetz – WHG) in der Fassung vom 31.07.2009, letzte berücksichtige Änderung 22.10.2023. Deutscher Bundestag.

3. *Land Baden-Württemberg:* Wassergesetz für Baden-Württemberg (WG) in der Fassung vom 03.12.2013, letzte berücksichtigte Änderung vom 07.02.2023. Land Baden-Württemberg.

4. *LUBW Landesanstalt für Umwelt Baden-Württemberg:* FAQ – Urbanes Wassermanagement – Häufige Fragen zu Klimawandel und Klimaanpassung, 2023.

5. *Stadt Karlsruhe, Umwelt- und Arbeitsschutz:* Klimaanpassungsstrategie 2021 – Monitoringbericht und 1. Fortschreibung – Kurzfassung, Karlsruhe Ausgabe 2021.

6. *Stadt Karlsruhe, Umwelt- und Arbeitsschutz:* Klimaanpassungsstrategie 2021 – Monitoringbericht und 1. Fortschreibung – Teil 2: Umsetzungsstand der Maßnahmen und Ausblick, Karlsruhe Ausgabe 2021.

7. *Stadt Karlsruhe, Umwelt- und Arbeitsschutz:* Klimaanpassungsstrategie – Monitoringbericht 2023, Karlsruhe Ausgabe 2023.

8. DWA-A 100:2006–12 Leitlinien der integralen Siedlungsentwässerung (ISiE). DWA Print, Hennef, 2006.

9. *Deutsche Vereinigung für Wasserwirtschaft, Abwasser und Abfall e. V.:* Preview "DWA-A 138 -1 – Anlagen zur Versickerung von Niederschlagswasser – Teil 1: Planung, Bau, Betrieb – Entwurf November 2020". DWA, Hennf, 2020.

10. *Forschungsgesellschaft Landschaftsentwicklung Landschaftsbau e.V.:* Dachbegrünungsrichtlinien – Richtlinien für Planung, Bau und Instandhaltung von Dachbegrünungen. FLL, Bonn, 2018.

11. *Matzinger, A., Riechel, M., Remy, C., Schwarzmüller, H., Rouault, P., Schmidt, M., Offermann, M., Strehl, C., Nickel, D., Sieker, H., Pallasch, M., Köhler, M., Kaiser, D., Möller, C., Büter, B., Leßmann, D., von Tils, R., Säumel, I., Pille, L., Winkler, A., Bartel, H., Heise, S., Heinzmann, B., Joswig, K., Rehfeld-Klein, M., Reichmann, B.:* Zielorientierte Planung von Maßnahmen der Regenwasserbewirtschaftung – Ergebnisse des Projektes KURAS, Berlin, 2017.

12. *Stadt Zürich, Entsorgung + Recycling Zürich:* Verdunstung und Versickerung in Stadträumen – Arbeitshilfe zum guten Umgang mit Regenwasser, Zürich, 2023.

13. *Kruse, E.:* Integriertes Regenwassermanagement für den wassersensiblen Umbau von Städten – Großräumige Gestaltungsstrategien, Planungsinstrumente und Arbeitsschritte für die Qualizierung innerstädtischer Bestandsquartiere. HafenCity Universität Hamburg, Dissertation, Hamburg, 2014.

Entwicklung einer Entscheidungshilfe zur Erhöhung der Integration der Schwammstadt in die private Bauwirtschaft

5.1   Methodik

Das folgende Unterkapitel dient der übersichtlichen Darstellung des methodischen Vorgehens zur Datenerhebung. Hierzu werden die ausgewählten Methoden sowie die Gründe für deren Auswahl erläutert.

Die Arbeit kombiniert die Literaturrecherche für die Grundlagenforschung und die Analyse der Maßnahmen des Schwammstadt-Konzepts anhand von Interviews. Die Methode des qualitativen Interviews wird genutzt, um praxisrelevante Erkenntnisse für die Entscheidungshilfe zu gewinnen. Als Interviewform wird das Leitfadeninterview als semistrukturiertes Interview gewählt, um die Erfahrungen und das Wissen der Interviewten in Bezug auf das Thema bestmöglich abfragen zu können. Dabei wird sich vor allem auf die Identifikation der Effekte der Maßnahmen des Schwammstadt-Konzepts und auf die Gestaltung einer Planungs- oder Entscheidungshilfe konzentriert.

Bei einem Leitfadeninterview werden den Interviewten Schlüsselfragen in Form eines teilstandardisierten Leitfadens gestellt. Neben den Schlüsselfragen können ergänzend immanente Nachfragen gestellt werden. Am Ende des Interviews kann ein Nachfrageteil mit Schlussfragen folgen, bei denen beispielsweise Deutungen, Einschätzungen oder ein Ausblick abgefragt wird [1].

Für die Durchführung der Interviews wird ein Interviewleitfaden erstellt. Durch den Leitfaden werden die theoretischen Vorkenntnisse wiedergegeben, trotzdem ist dieser offen gestaltet, sodass die Befragten ihre subjektiven Sichtweisen zum Thema darstellen können. Zur Leitfadenerstellung werden die Erkenntnisse aus dem theoretischen Rahmen der Arbeit in deduktive Kategorien gegliedert. Zur Transkription der Interviews wird die wörtliche Transkription nach *Mayring* gewählt, da für die Auswertung der Interviews keine Analyse der Sprachkultur oder nonverbalen Aspekte erforderlich ist. Dabei wird

L. Jourdan, *Schwammstadt-Konzept*, Entwicklung neuer Ansätze zum nachhaltigen Planen und Bauen, https://doi.org/10.1007/978-3-658-48366-1_5

wörtlich transkribiert und alle Informationen, die Rückschlüsse auf die befragten Personen zulassen, werden anonymisiert [2].

Ausgewertet werden die Interviews zu Informationszwecken. Dazu wird die qualitative Inhaltsanalyse verwendet. Dies ist eine strukturierte Auswertungsmethode, bei der die Interviews mithilfe von Kategorien ausgewertet werden. Für das Kategoriensystem werden Oberkategorien entwickelt, die bei Bedarf in Unterkategorien aufgeteilt werden können. Bei der *Kategorienentwicklung nach Mayring* wird zwischen deduktiven und induktiven Kategorien unterschieden. Die deduktiven Kategorien werden aus der Theorie abgeleitet, während die induktiven Kategorien direkt aus dem Material entwickelt werden. Das Interviewmaterial wird zum Codieren durchgearbeitet und relevante Aussagen und Textstellen werden den oben beschrieben Kategorien zugeordnet, zusammengefasst und ausgewertet [2].

5.2   Konzeption und Durchführung der Interviews

Für die Arbeit wird das Leitfadeninterview ausgewählt, um mithilfe der vorformulierten Fragestellungen die Ergebnisse der Interviews bestmöglich zusammenführen zu können. Den Rahmen der durchgeführten Interviews bildet der entwickelte Leitfaden. Für die Interviews wird ein einheitlicher Leitfaden verwendet, der nicht an die verschiedenen Befragten angepasst wird, um die Aussagen besser miteinander vergleichen zu können. Dieser ist auf die Forschungsfrage der Arbeit (siehe Kap. 1) ausgerichtet. Im Folgenden wird die Konzeption des Leitfadens dargelegt.

5.2.1   Erstellung des Interviewleitfadens

Die Fragen im Leitfaden werden anhand deduktiver Kategorien aus den Erkenntnissen des theoretischen Grundlagenkapitels sowie der Analyse des Kapitels „Stand der Technik und Forschung" und in Bezug auf die Forschungsfrage *„Wie kann die Integration des Konzepts der Schwammstadt in der privaten Bauwirtschaft erhöht werden?"* entwickelt. Dazu wird ein passendes Kategoriensystem erarbeitet, welches auch für die Auswertung der Ergebnisse genutzt wird und in der Abb. 5.1 dargestellt ist. Die Wahl von Kategorie 1 ergibt sich aus der Vielzahl der aktuellen Maßnahmen, die überwiegend auf die Umsetzung in großen städtischen Gebieten ausgerichtet sind, wie zum Beispiel Regenrückhaltebecken. Die Kategorie 2 entsteht aus der Relevanz der Untersuchung der Randbedingungen und lokalen Voraussetzungen zur Auswahl von Maßnahmen, die in den analysierten wissenschaftlichen Arbeiten mehrmals hervorgehoben wird. Ebenso werden die Maßnahmeneffekte und deren Bewertung für die Relevanz in Kategorie 3, basierend auf der Analyse der wissenschaftlichen Arbeiten ausgewählt. Zur Förderung der Integration des Konzeptes in die private Bauwirtschaft werden die Unterstützungsmöglichkeiten in das

Deduktives Kategoriensystem

K1: Geeignete Maßnahmen

Aufzählung und Begründung von Maßnahmen des Regenwassermanagements und der Bauwerksbegrünung, die besonders wirkungsvoll und am besten geeignet sind für die Umsetzung in der privaten Bauwirtschaft.

K2: Randbedingungen und lokale Voraussetzungen

Randbedingungen, lokale Voraussetzungen und Gegebenheiten, die die Umsetzung des Konzepts erschweren oder unbedingt berücksichtigt werden müssen.

K3: Maßnahmeneffekte zur Bewertung

Sichtweise auf die Intention und Gründe für die Umsetzung des Konzepts sowie die Auswahl und die Bewertung der Relevanz von den Effekten der Maßnahmen.

K4: Unterstützungsmöglichkeiten

Aussagen und Wünsche zu Unterstützungsmöglichkeiten für die Planung und Umsetzung der Maßnahmen bei einem Bauvorhaben sowie deren Informationsinhalt.

K5: Innovative Entwicklungen

Aussagen und Einschätzungen über innovative Technologien in den Bereichen Regenwassermanagement und Bauwerksbegrünung, welche besonders vielversprechend sind.

Abb. 5.1 Kategoriensystem

Kategoriensystem aufgenommen sowie die Einschätzung der innovativen Entwicklungen in diesem Bereich in Kategorie 4, um einen Ausblick auf das Thema zu geben.

5.2.2 Auswahl der Zielgruppe und Interviewpartner

Die Zielgruppe der Interviews besteht aus Personen, die in der Baubranche tätig sind. Im Folgenden wird die Auswahl der befragten Personen vorgestellt.

Um bestmöglich die Einflussmöglichkeiten für die Integration des Schwammstadt-Konzepts in die private Baubranche zu identifizieren und ein Gesamtbild über den aktuellen Stand des Konzepts der Schwammstadt abbilden zu können, werden Personen aus unterschiedlichen Teilen der Baubranche interviewt. Die ausgewählten Interviewpartner verfügen durch ihre Tätigkeit über ein fundiertes Branchenwissen sowie wie ein fachliches Wissen zum Thema Schwammstadt. Insgesamt werden sieben Personen für ein Interview angefragt, wovon drei ein Interview ablehnten.

Um Informationen und Einschätzungen zum Thema Schwammstadt aus der privaten Bauwirtschaft zu gewinnen, wird der Geschäftsführer (Befragter 1) eines Bauträgers interviewt, dessen Haupttätigkeit die Immobilienentwicklung im Wohnungs- und Gewerbebau von der Grundstücksakquise bis zur Vermarktung der Objekte ist. Zudem wird der Mitarbeiter (Befragter 2) der Stadtentwässerung interviewt, um das kommunale Fachwissen und die gesammelten Erfahrungen und Erkenntnisse in die Arbeit einfließen zu lassen. Als weiterer Interviewpartner wird ein Projektsteuerer (Befragter 3) in der Erschließung ausgewählt, um dessen Fachwissen in der Erstellung von Bebauungsplänen sowie in der Erschließung, Landschaftsplanung und Entwässerung einzubringen. Zudem wird eine Mitarbeiterin (Befragte 4) der Regenwasseragentur Berlin aufgrund ihrer fachlichen Expertise befragt. Hauptbereich der Regenwasseragentur ist die Beratung und die Aufklärung zum Thema Regenwasserbewirtschaftung.

5.2.3   Durchführung der Interviews

In einem semistrukturierten Leitfadeninterview kann von der Reihenfolge der Fragen abgewichen werden, zusätzlich sind Rückfragen erlaubt. Während der Durchführung der Interviews wird die Reihenfolge der Fragen nur selten geändert. Ausnahme hierbei ist das Interview mit Befragtem 1, welches bedingt durch den Gesprächsfluss Abweichungen von der Reihenfolge der Fragen aufweist. Den Befragten werden ausschließlich offene Fragen gestellt, um ihnen die Möglichkeit zu bieten, ihre Perspektive uneingeschränkt äußern zu können. Gelegentlich werden Rückfragen gestellt, um Missverständnisse zu verhindern oder detailliertere Informationen zu erhalten.

Die Interviews gliedern sich in drei Teile. Sie beginnen jeweils mit persönlichen Fragen zur Person und ihrem Arbeitsumfeld sowie allgemein gehaltene Fragen zum Einstieg in das Thema der Schwammstadt. Anschließend folgen Sachfragen, die den Fokus auf die Forschungsfrage der Arbeit legen. Zum Schluss wird eine abschließende Frage zum Ausblick des Themas gestellt.

Zu Beginn werden die interviewten Personen gebeten, sich und ihre Arbeit vorzustellen. Weiterhin werden anhand von Einstiegsfragen der Bezug zum Thema Schwammstadt sowie Erfahrungen mit dem Thema abgefragt. Im Anschluss wird ihre Einschätzung zur Umsetzung von Maßnahmen des Konzeptes der Schwammstadt in der privaten Bauwirtschaft erfragt. Darauf folgen die Sachfragen im Hauptteil des Interviews. Hierbei werden die Erkenntnisse und das Wissen der befragten Personen zu Randbedingungen und lokalen Voraussetzungen zur Umsetzung der Maßnahmen erhoben. Die Befragten bewerten im Anschluss die Relevanz verschiedener Maßnahmen und deren Effekte, welche sie für besonders wichtig und geeignet für die private Bauwirtschaft erachten. Ebenso werden sie im Gespräch dazu motiviert, ihre Einschätzung und Wünsche zu äußern, die für den Aufbau und die Umsetzung einer Planungs- oder Entscheidungshilfe zur Integration der Maßnahmen in die private Bauwirtschaft nötig sind. Mit einer abschließenden Frage wird evaluiert, welche innovativen Technologien sie im Bereich des Regenwassermanagements und der Bauwerksbegrünung sehen, um einen Ausblick des Themas aufzuzeigen. Die Interviews werden je nach räumlicher Distanz persönlich oder per Videokonferenz durchgeführt.

Jeder Befragte kann sich im Vorfeld durch die Zusendung des Leitfadens auf das Interview vorbereiten. Zusätzlich werden ihnen im Leitfaden die Gründe und das Ziel der Bachelorarbeit und der Interviews dargelegt und ihnen ein Dokument zur Einverständniserklärung zur Aufzeichnung und Datenverwertung zugesandt.

Eine Abbildung des Interviewleitfadens ist in der Abb. 5.2 aufgeführt.

5.3 Auswertung und Analyse der Ergebnisse der Interviews

Im folgenden Kapitel werden die Aussagen der Interviews betrachtet. Zur Auswertung der Analyse wird ein Kategoriensystem entwickelt, welches die Daten nach Themen clustert. Dafür werden die zur Beantwortung der Forschungsfrage und der Entwicklung einer Entscheidungshilfe notwendigen Inhalte der Interviews paraphrasiert und den Kategorien zugeordnet. Das Kategoriensystem zur Gestaltung des Leitfadens wird hierfür angepasst, um die Erkenntnisse der Interviews genauer zu gliedern. Dazu werden die in Abschn. 5.2.1 dargestellten Kategorien in zwei Hauptkategorien „Relevante Aspekte" und „Gestaltung der Planungshilfe" zugeordnet. Das Kategoriensystem zur Auswertung ist in Tab. 5.1 zu sehen.

Daraufhin werden die Interviews beginnend mit I. „Relevante Aspekte" in Abschn. 5.3.1 sowie folgend II. „Gestaltung der Planungshilfe" in Abschn. 5.3.2 ausgewertet und analysiert.

5.3.1 Relevante Aspekte

A. Geeignete Maßnahmen zur Umsetzung in der privaten Bauwirtschaft

Alle Interviewteilnehmer heben die Relevanz der Dachbegrünung als geeignete Maßnahme in der privaten Bauwirtschaft hervor. Dabei wird begründet, dass eine Dachbegrünung als einfache Lösung zum Rückhalt des Wassers, aber auch zu Erhöhung der Biodiversität genutzt werden kann. Es wird von Teilnehmer B3 darauf hingewiesen, dass hierbei eine Mindeststärke des Substrats wichtig ist, damit das Gründach zum Regenrückhalt beitragen kann. Die Erfahrungswerte der Interviewten zeigen, dass in den meisten Fällen eine extensive

Interviewleitfaden

II   Zur Person und dem Bezug zum Thema
1. Bitte beschreiben Sie kurz zum Einstieg, wer Sie sind und wo Sie arbeiten.
2. Welchen Bezug haben Sie zum Thema „Schwammstadt"?

III Allgemeine Fragen
3. Haben Sie bereits Erfahrungen mit privaten Bauprojekten, die das Konzept der Schwammstadt beinhalten?
4. Welche Maßnahmen erachten Sie als besonders wirkungsvoll für die Integration des Konzepts in die private Bauwirtschaft?

IV Randbedingungen
5. Gibt es Randbedingungen, die die Maßnahmen des Schwammstadt-Konzeptes erschweren oder die besonders beachtet werden sollen?
6. Welche lokalen Gegebenheiten und Voraussetzungen sollten bei der Umsetzung des Konzeptes bei einem Projekt berücksichtigt werden?

V   Maßnahmeneffekte und -kriterien
7. Was sind Ihrer Meinung nach die Intentionen und Absichten für die Umsetzung des Schwammstadt-Konzepts in der privaten Bauwirtschaft?
8. Welche Kriterien halten Sie für besonders wichtig bei der Bewertung der einzelnen Maßnahmen des Schwammstadt-Konzepts?

VI Unterstützungsmöglichkeiten
9. Welche Unterstützungsmöglichkeiten oder Planungshilfen könnten bei der Planung und Umsetzung der Maßnahmen hilfreich sein?
10. Welche Informationen sollten in einer Planungshilfe enthalten sein, um bei der Entscheidung für geeignete Maßnahmen zu helfen?

VII Abschließende Frage
11. Gibt es derzeit innovativen Technologien im Bereich des Wassermanagements und der Bauwerksbegrünung, die besonders vielversprechend sind?

Abb. 5.2 Interviewleitfaden

Tab. 5.1 Kategoriensystem zur Auswertung und Analyse

Haupt-kategorien	I. Relevante Aspekte	II. Gestaltung der Planungshilfe
Unter-kategorien	A. Geeignete Maßnahmen	A. Unterstützungsmöglichkeiten
	B. Randbedingungen und C. Voraussetzungen	B. Inhalt der Planungshilfe
	C. Bewertung der Maßnahmeneffekte	

Begrünung gewählt wird, da intensivere Lösungen in Verbindung mit höheren Kosten und Anforderungen an das Gebäude stehen. Die intensive Begrünung der Tiefgarage wird laut den Befragten häufig umgesetzt.

Zur Fassadenbegrünung zeigen die Befragten ebenfalls ein einheitliches Stimmungsbild. Zwar kann die Begrünung der Fassade ein positiver Effekt auf die Biodiversität haben, aber die Umsetzung ist aufgrund von teurer Herstellung und Unterhalt sowie aufwendiger Pflege in der Praxis noch sehr gering. Teilnehmer B2 hebt hierbei die Vorzüge von bodengebunden Fassadenbegrünungen gegenüber der wandgebundenen Variante mit Begrünungsmodulen hervor, da die bodengebundene Variante einen höheren Stellenwert in Bezug auf das Schwammstadt-Konzept hat. Begründet wird dies durch die Verwurzelung der Pflanzen im Boden, wodurch sie sich selbst mit Nährstoffen versorgen, Wasser aufnehmen und speichern können, wohingegen Begrünungsmodule aufgrund der Entkopplung mit dem Boden kaum bis keinen Einfluss auf die Effekte des Schwammstadt-Konzepts haben. Ebenso werden von dem Befragten 1 aus der privaten Bauwirtschaft die Kosten der Fassadenbegrünung als wichtiges Kriterium zur Nicht-Umsetzung aufgeführt. Ebenso wie B2 tendiert auch B1 zu einfachen Lösungen, wie der bodengebundenen Variante mit Kletterhilfen.

Im Hinblick auf Maßnahmen zur Verdunstung und Versickerung werden von den Befragten teils unterschiedliche Aussagen getroffen. Relevant ist für alle die Kombination aus blauen und grünen Maßnahmen, die in Kap. 3 erläutert sind. Hierzu werden Ideen zur Wasserhaltung auf dem Grundstück eingebracht, wie das Errichten kleiner Seen, Bäche oder Mulden. Befragter 3 aus dem Erschließungsbereich nennt hierzu die Teilversiegelung mit Rasenfugenpflaster oder Sickerpflaster als wesentliche Maßnahme zur Umsetzung des Schwammstadt-Konzepts. Die Regenwassernutzungsanlagen werden von den Befragten als weniger geeignet gesehen. Als Hürden dieser Maßnahmen werden die aufwendige und teure Herstellung genannt. In Hinblick auf die Umsetzung sehen die Befragten die Schwierigkeit in der richtigen Ausführung und Nutzung der Zisternen. Dabei wird vor allem das Sicherstellen des notwendigen Speicherraums bei Starkregenereignissen betont. Die Regenwassernutzung zur Bewässerung wird aufgrund der aufwendigen Herstellung gegenüber Grauwassernutzungsanlagen stark bevorzugt.

Im Allgemeinen deutet das Stimmungsbild der Befragten bei den Umsetzungsideen auf eine Präferenz für einfache, unkomplizierte und kostengünstige Lösungen hin. Die Aussagen verifizieren zum größten Teil die Erkenntnisse aus der Theorie in Kap. 3.

Randbedingungen und Voraussetzungen
Im Interview werden die Teilnehmer zu notwendigen Randbedingungen und lokalen Voraussetzungen befragt, welche essenziell für die Umsetzung der Maßnahmen sind. Zu gesetzlichen Regelungen wird gesagt, dass die Bebauungspläne in der Regel keine Maßnahmen ausschließen, sondern die Umsetzung als wünschenswert betrachtet wird. In diesem Zusammenhang hebt B4 die Vorteile der Maßnahmen hervor, insbesondere im Hinblick auf die Einhaltungsanforderungen bei Regenwassereinleitbeschränkungen in den Kanal. Laut dem Befragten des städtischen Bereichs ist in der Landesbauordnung die Vorschriften zum Regenwassermanagement noch zu wenig verankert. Als lokale Voraussetzungen werden von allen Befragten die Versickerungsfähigkeit der Böden und die Topografie des Geländes genannt sowie die Platzverhältnisse vor Ort, die vorab untersucht werden sollen. Diese

Kriterien werden als entscheidend zur Auswahl der Maßnahmen empfunden. B4 weist darauf hin, dass es neben der Untersuchung der lokalen Gegebenheiten auch entscheidend ist, zu klären, welche Ziele und Intentionen mit der Umsetzung der Maßnahmen verfolgt werden sollen.

Die Betonung der Topografie, Platzverhältnisse und Versickerungsfähigkeit, aber auch die Hervorhebung der Intentionen und Ziele durch die Befragten deckt sich mit den Erkenntnissen aus der Analyse der wissenschaftlichen Arbeiten.

C. Bewertung der Maßnahmeneffekte

Zur Bewertung der Relevanz der Maßnahmeneffekte für die private Bauwirtschaft werden Befragten eine Vorauswahl an Effekten vorgelegt, welche aus der Analyse der wissenschaftlichen Arbeiten entwickelt werden. Hierzu werden sie aufgefordert, die einzelnen Maßnahmen aufgrund ihrer Relevanz zu bewerten. Nicht alle Befragten geben hierzu eine Begründung ihrer Entscheidung ab.

Befragter 1 aus der privaten Bauwirtschaft schätzt die Bedeutung der Biodiversität aus der Perspektive der Endnutzer als weniger relevant ein. Dahingegen sieht er das Thema des Mikroklimas durch die Verdunstungskühlung der Maßnahmen als wesentlich wichtiger. Die Erhöhung der Freiraumqualität stuft er als sehr wichtig ein, da das Aussehen und die Qualität der Außenanlage verkaufsfördernd sind. Die Einsparung der Trinkwasserkosten und die Speicherung und Nutzung sind für ihn durch die teure und aufwendige Herstellung der Nutzungsanlagen nicht bedeutend. Das gilt auch für die Energieeinsparung durch teure Fassadenbegrünung. Im Gegensatz dazu hebt B1 die Reduzierung der Abwasserkosten durch die Versickerung hervor. Die Bedeutung der Investitionskosten ist durch die eventuelle Steigerung der Miet- oder Verkaufspreise essenziell. Der Befragte betonte im Interview die Bedeutung der Reduzierung des Oberflächenwassers aufgrund der Vorgaben zu den Einleitbeschränkungen in den Kanal. Der Wartungsaufwand wird nicht bewertet.

Befragter 2 aus dem städtischen Bereich schätzt die Relevanz der Effekte auf das Mikroklima, die Biodiversität sowie auf die Freiraumqualität durch die vielen Mehrwerte für Nutzer und Kommune sehr weit oben ein. Die Auswirkungen der Wasserspeicherung und -nutzung empfindet er bei der geeigneten Umsetzung ebenfalls hilfreich. Die Verringerung des Oberflächenabfluss betrachtet er durch die Vorgaben von Einleitbeschränkungen aus dem Entwässerungsgesuchs in der Bewertung als sehr wichtig und betont hierbei auch das Hauptziel der Schwammstadt, weniger Wasser in die Kanalisation einzuleiten. Einsparungen bei Trinkwasser- und Abwasserkosten schätzt er aktuell als weniger hoch ein, da die Preise noch gering sind. Dabei bezieht er sich explizit auf die Stadt Karlsruhe. Die Betrachtung des Wartungsaufwandes sieht er gerade bei aufwendigen Maßnahmen als wichtig, weshalb er das Umsetzen von einfacheren Varianten hervorhebt. Eine Einschätzung zur Relevanz der Einsparung der Energie- und Investitionskosten wird nicht vorgenommen.

Der Befragte 3 gibt ebenfalls seine Einschätzungen zu den Maßnahmeneffekten und deren Bedeutung ab. Seiner Ansicht nach schätzen die Nutzer zwar die positiven Auswirkungen der Biodiversität und des Mikroklimas nach der Umsetzung der Maßnahmen, jedoch sind diese seiner Meinung nach keine ausschlaggebenden Kriterien bei der Auswahl. Die Auswirkungen auf die Freiraumqualität empfindet er als hoch, da das Erscheinungsbild nach außen verbessert wird. Für die Einsparung der Trinkwasserkosten sieht er die entsprechenden Maßnahmen als zu unwichtig und die Herstellung der Regenwassernutzungsanlagen als zu teuer. Die Einsparungen bei Abwasserkosten erachtet er als wichtiger. Eine Einschätzung zu den Kosteneinsparungen der Energie durch die Fassadenbegrünung gibt er aufgrund fehlender Expertise nicht ab. Der Befragte erachtet die Investitionskosten sowie der Wartungsaufwand als maßgeblich und weist auf die Abwägung zwischen Investition und Nutzen hin. Das Thema der Speicherung und Nutzung des Regenwassers betrachtet er als schwierig und nennt, wie die anderen Befragten, die Speicherfähigkeit der Zisternen als Hürde. Für Kommunen sieht er die Verringerung des Oberflächenabwassers als sehr relevant an.

Die Befragte 4 gibt ihre Einschätzungen zum Thema aus der Sicht der beratenen Funktion ab. Die Biodiversität sowie die Förderung des Mikroklimas haben für sie aufgrund des Lebens in einer Großstadt enorme Relevanz, um durch mehr Grün eine höhere Lebensqualität zu schaffen. Sie betrachtet beide Maßnahmen als positive Nebeneffekte der Regenwasserbewirtschaftung. Die Verbesserung der Freiraumqualität ist für sie ebenfalls ein wichtiges Kriterium. Dieser Effekt wird von ihr jedoch trotz der Wichtigkeit nachstehend der beiden oben genannten Punkten eingeordnet. Die positiven Effekte auf die Einsparung der Trinkwasserkosten sowie der Energiekosten empfindet sie aufgrund der geringen Umsetzung in der Praxis als weniger relevant. Im Gegensatz dazu hebt sie die Einsparungen von Abwasserkosten, vor allem während der Planung hervor. Die Investitionskosten haben für sie einen hohen Stellenwert, da sie maßgeblich für die Auswahl der Maßnahmen verantwortlich sind. Des Weiteren ist die Wasserspeicherung und -nutzung ihrer Meinung nach in der Theorie ein großes Thema, doch durch die geringe Ausführung und teure Herstellung in der Praxis noch zu irrelevant. Als besonders wichtig empfindet die Befragte die Verringerung des Oberflächenwasser und erläutert den hohen Stellenwert dieses Themas in der Beratung.

Die Einschätzungen der Befragten zur Relevanz einzelner Effekte waren aufgrund der subjektiven Wahrnehmung teilweise unterschiedlich. Die Auswertung der Befragten und die Übersicht der zu bewertenden Kriterien wird in Tab. 5.2 abgebildet. Die Aussagen der Befragten werden zur Auswertung der Ergebnisse mit Indikatoren in der Tabelle dargestellt. Dabei bedeutet „0", keine Relevanz, „+" geringe Relevanz, „++" mittlere Relevanz und „+++" hohe Relevanz. Ist kein Indikator im Feld, wird dazu keine Aussage getroffen. Zur Auswertung der geeigneten Effekte wird die Anzahl der vergebene „+"-Symbole zusammengerechnet.

Die Auswertung der Kategorie „Geeignete Maßnahmeneffekte" zeigt, dass die Effekte „Speicherung und Nutzung", „Einsparungen der Trinkwasserkosten" und „Einsparungen der Energiekosten" eine geringe Relevanz haben. Aus diesem Grund werden sie in der Entscheidungsmatrix der Entscheidungshilfe in Abschn. 5.4 nicht weiter berücksichtigt.

Tab. 5.2 Auswertung der Bewertung zur Relevanz der Effekte

Kriterien	B1	B2	B3	B4	Auswertung
Biodiversität	0	++	+	+++	6
Mikroklima	++	++	+	+++	8
Freiraumqualität	+++	++	++	++	9
Verringerung Oberflächenabfluss	++	+++	+++	+++	11
Speicherung/Nutzung	0	+	0	+	2
Einsparung Trinkwasserkosten	0	0	0	0	0
Einsparung Abwasserkosten	+	0	++	++	5
Einsparung Energiekosten	0			0	0
Investitionskosten	+++		++	+++	8
Wartungsaufwand		+	++		3

Legende

0	keine Relevanz
+	geringe Relevanz
++	mittlere Relevanz
+++	hohe Relevanz

5.3.2 Gestaltung der Planungshilfe

A. Unterstützungsmöglichkeiten

Im Interview wird gefragt, welche Unterstützungsmöglichkeiten zur Planung und Umsetzung der Maßnahmen als hilfreich angesehen werden. Interviewpartner B1 gibt hierzu keine Einschätzung ab. Für B2 wäre eine checklistenartige Planungshilfe von Vorteil, die klar darstellt, welche Gegebenheiten auf dem Grundstück vorhanden sind und welche Maßnahmen darauf basierend ergriffen werden können. B3 wünscht sich ebenfalls eine Checkliste. Auch B4 hält eine Checkliste für hilfreich, die eine Übersicht der Maßnahmen mit ihren unterschiedlichen Voraussetzungen bietet. Aufgrund der mehrfachen Nennung einer Checkliste, wird in Abschn. 5.4 eine Checkliste mit notwendigen Abklärungspunkten erarbeitet.

B. Inhalt der Planungshilfe

Als relevantes Kriterium für die Planungshilfe benennt B1 die kostenmäßige Abschätzung sowie eine Übersicht der Effekte und Auswirkungen der Maßnahmen. Für B2 ist es wichtig, dass eine Übersicht der Möglichkeiten und Maßnahmen des Schwarmstadt-Konzepts gegeben ist. Außerdem empfindet er es als hilfreich, wenn aufgezeigt wird, welche Maßnahmen in Bezug auf die vorhandenen Gegebenheiten umgesetzt werden können. Dabei bezieht er sich vor allem auf die Baukörper des Gebäudes. B3 betont die Relevanz der lokalen Voraussetzungen wie Bodengutachten, die Versickerungsfähigkeit des Bodens und die Topografie des Grundstückes. Ebenso wünscht er sich die Möglichkeit, aufgrund der Voraussetzungen geeignete Maßnahmen zu finden. Befragte 4 sieht ebenfalls die Grundlagen der lokalen sowie der finanziellen Voraussetzungen als wichtigen Inhalt der Planungshilfe. Zudem betont sie, dass klar ersichtlich sein muss, welches Ziel mit den Maßnahmen erreicht werden soll. Als Unterstützung bei der Planung schlägt sie vor, eine Übersicht der Maßnahmen zu erstellen, die die wichtigsten Voraussetzungen enthält. Außerdem hält sie eine Kostenorientierung für entscheidend.

Die Inhalte, die sich die Befragten für die Planungshilfe wünschen, weichen in manchen Punkten von der Bezeichnung „Checkliste" ab, die sie im Interview als geeignete Unterstützungsmöglichkeit genannt haben.

5.3.3   Ausblick

Als abschließende Frage des Interviews wird nach innovativen Technologien im Bereich des Regenwassermanagements und der Bauwerksbegrünung gefragt. Hierbei werden unterschiedliche Antworten und Ideen hervorgehoben.

B1 betrachtet die Wasserhaltung auf der Fläche aktuell als besonders vielversprechend und ist der Meinung, dass diese Maßnahme inzwischen häufiger umgesetzt und stärker akzeptiert wird als in der Vergangenheit. B2 sieht die intensive Dachbegrünung, insbesondere Retentionsdächer, als einen bedeutenden Hebel für die Zukunft, um Wasser noch effektiver auf dem Grundstück zurückzuhalten. Ebenso hebt er die Weiterentwicklung von Zisternen mit verschiedenen Systemen hervor. Auch B3 nennt die Weiterentwicklung der unterirdischen Systeme zur Speicherung und Versickerung sowie den innovativen Gedanken der gemeinschaftlichen Regenwassernutzung in einer Stadt als vielversprechend. Auch B4 hebt die unterschiedlichsten Ansätze für grundstücksübergreifende Lösungen der Regenwassernutzung hervor. Als innovativer Gedanke benennt sie außerdem die Forschung zu Fassadenbegrünungen aus Hopfen sowie die Entwicklung einer Parkbank, welche ebenfalls als Regenwasserspeicher in Städten fungiert.

Zusammenfassend bevorzugen alle Befragten die einfache und kostengünstige Variante der Maßnahmen gegenüber den komplexeren Ansätzen. Sie sehen darin sowohl mehr Umsetzungsmöglichkeiten als auch eine höhere Akzeptanz in der privaten Bauwirtschaft.

5.4   Entwicklung einer Entscheidungshilfe

In diesem Kapitel wird eine Entscheidungshilfe erarbeitet, um geeignete Maßnahmen für das Bauvorhaben zu identifizieren und diese optimal in die Planung integrieren zu können. Die Vorgehensweise der Entwicklung der Entscheidungshilfe wird im Folgenden näher erläutert.

Nach der Analyse der aktuellen Maßnahmen im Regenwassermanagement und der Bauwerksbegrünung in Kap. 3 werden in Kap. 4 die bestehende Praxisansätze sowie wissenschaftliche Veröffentlichungen zu diesen Themen untersucht. Die Analyse beider Kapitel zeigt, dass die vorhandenen Leitfäden und Entscheidungshilfen für die Maßnahmen der Schwammstadt entweder speziell auf kommunale Belange ausgerichtet sind oder sich auf bestehende Stadtquartiere in der Größenordnung ganzer Stadtbereiche beziehen. Aus den bisherigen Arbeiten geht jedoch nicht hervor, wie die Maßnahmen auf Neubauvorhaben in der privaten Bauwirtschaft angewendet werden können. Daher wird in diesem Kapitel eine Entscheidungshilfe entwickelt, die auf die Gegebenheiten von Neubauten und speziell auf die relevanten Aspekte der privaten Bauwirtschaft abgestimmt ist, mit dem Ziel, die Integration des Schwammstadt-Konzepts in diesem Bereich zu verbessern.

Die Analyse der wissenschaftlichen Arbeiten zeigt, dass sich der Inhalt der bereits existierenden Planungshilfen auf kommunale Projekte bezieht. Somit ist auch die Auswahl der Maßnahmen, die Voraussetzungen für die Umsetzung und die gewünschten Effekte auf den städtischen Bereich ausgelegt. Zur Entwicklung einer praxisnahen und realistischen Entscheidungshilfe für den privaten Bausektor werden geeignete Maßnahmen, relevante Aspekte und der Aufbau einer Entscheidungshilfe durch Interviews mit Fachleuten aus der Baubranche ermittelt. Dabei werden die unterschiedlichen Gegebenheiten zum kommunalen Bereich berücksichtigt. Die Analyse der Maßnahmen in Kap. 3, die Auswertung der wissenschaftlichen Arbeiten in Kap. 4 und die Ergebnisse der Interviews bilden die Grundlage der Entwicklung der Entscheidungshilfe.

Die wissenschaftlichen Arbeiten zum Thema zeigen, dass bei der Auswahl der Maßnahmen die lokalen Voraussetzungen und die gewünschten Effekten entscheidend sind, um für das Bauvorhaben geeignete Maßnahmen umzusetzen. Durch die Interviews wird ersichtlich, dass die lokalen Gegebenheiten des Grundstückes ebenfalls für eine Entscheidung im privaten Bausektor relevant sind. Hervorgehoben werden dabei beispielsweise die Flächenverhältnisse und die Topografie des Grundstücks oder die Versickerungsfähigkeit des Bodens. Mehrere Interviewpartner äußern außerdem den Wunsch nach einer klaren Darstellung der bestehenden Maßnahmen und ihrer Voraussetzungen, um einen besseren Vergleich zu ermöglichen. Aufgrund dieser Erkenntnisse wird die Entscheidungshilfe in Form einer Entscheidungsmatrix dargestellt, um eine klare Übersicht über die bereits bestehenden Maßnahmen und deren relevante Faktoren zu bieten. Zudem soll die Matrix als Werkzeug dazu dienen, individuell auf die unterschiedlichen Gegebenheiten, Voraussetzungen und Anforderungen der jeweiligen Bauvorhaben einzugehen. Die Wahl einer Entscheidungsmatrix in dieser Arbeit basiert neben der Interviewauswertung auch auf der Analyse wissenschaftlicher Arbeiten, in denen ebenfalls Matrizen verwendet werden, um die wichtigen Erkenntnisse der Studien übersichtlich darzustellen. Diese Darstellungsform erweist sich als sinnvoll, da sie eine strukturierte Vergleichbarkeit und Bewertung der Maßnahmen ermöglicht und einfach visualisiert. Zudem bietet die Matrix eine klare und kompakte Übersicht, die eine fundierte Entscheidungsfindung erleichtert. Die systematische Darstellung und Übersicht dienen dazu, die Auswahl der Maßnahmen zu erleichtern

Begrünung

- Dachbegrünung: extensiv
- Dachbegrünung: intensiv
- Fassadenbegrünung: bodengebunden
- Fassadenbegrünung: wandgebunden

Nutzung

- Regenwassernutzung (Bewässerung)

Versickerung

- Geringes Flächenpotenzial
- Geringe Versickerungsfähigkeit
- Hoher Grundwasserstand

Wasserfläche

- Retentionsflächen (Teiche)

Abb. 5.3 Übersicht der ausgewählten Maßnahmen

und die Integration des Schwammstadt-Konzeptes in der privaten Bauwirtschaft zu verbessern. Die Entscheidungshilfe wird in zwei Matrizen dargestellt. Zunächst wird die erste Matrix vorgestellt, welche im Folgenden als Bewertungsmatrix bezeichnet wird.

In der Bewertungsmatrix werden die wesentlichen Aspekte für den Nutzer abgebildet. Dazu werden die Umsetzungsmöglichkeiten der lokalen Gegebenheiten des Grundstücks visuell dargestellt sowie die Effekte der Maßnahmen bewertet. Zusätzlich wird in der Bewertungsmatrix für jede Maßnahme ein Kostenrahmen dargestellt. Die wirtschaftliche Bewertung ist in der privaten Baubranche entscheidend für die Auswahl und Umsetzung, was in den Interviews mehrfach betont wird. Die Maßnahmenauswahl, welche in der Bewertungsmatrix abgebildet ist, wird aufgrund der Analyse der bestehenden Maßnahmen in Kap. 3 festgelegt. Des Weiteren werden in den Interviews geeignete Maßnahmen für den privaten Bausektor, speziell für den Hochbau abgefragt. Die Aussagen in den Interviews verifizieren die Erkenntnisse aus Kap. 3. Die Maßnahmen werden in die Kategorien Begrünung, Nutzung, Versickerung und Wasserfläche unterteilt. In Abb. 5.3 werden die ausgewählten Maßnahmen dargestellt.

Im ersten Teil der Bewertungsmatrix werden die Maßnahmen nach den lokalen Gegebenheiten bewertet. Die Auswahl der dargestellten Gegebenheiten basiert auf der Analyse der in Kap. 3 beschriebenen Voraussetzungen der Maßnahmen sowie aus den Befragungen der Interviewpartner zu den relevanten Randbedingungen des Grundstücks, um die Maßnahmen in der privaten Bauwirtschaft umzusetzen. Eine Übersicht der lokalen Gegebenheiten ist in der Abb. 5.4 zu finden. Die Dachformen Flach- und Steildach werden angesichts ihrer Relevanz für die Auswahl der Dachbegrünungsform aufgenommen. Für die Fassadenbegrünung wird das Kriterium der Verschattung abgebildet. Die Kriterien Hanglage, geringes Flächenpotenzial, geringe Versickerungsfähigkeit und hoher Grundwasserstand sind relevante Punkte für die Auswahl der Versickerungsmaßnahmen und Wasserflächen. Die Relevanz der Gegebenheiten in der Entscheidungsmatrix ergibt sich durch die Analyse der Voraussetzungen in Kap. 3 und aus den Ergebnissen der Interviews. Dabei wird die Bedeutung des Flächenpotenzials und der Versickerungsfähigkeit sowie der Topografie in den Interviews mehrfach genannt. Die Voraussetzungen der Gebäude in

Lokale Gegebenheiten

- Flachdach
- Steildach
- Starke Verschattung
- Hanglage

- Geringes Flächenpotenzial
- Geringe Versickerungsfähigkeit
- Hoher Grundwasserstand

Abb. 5.4 Übersicht der lokalen Gegebenheiten

Bezug auf die Dachform sowie die Verschattung des Gebäudes sind ausschließlich für die Bewertung der Dach- und Fassadenbegrünung wichtig.

Grundlage der Darstellung der Bewertung der lokalen Gegebenheiten ist die in Kap. 4 analysierte Arbeitshilfe der Stadt Zürich. In dieser Arbeitshilfe wird die Bewertung der Voraussetzungen für die einzelnen Regenwassermaßnahmen im Straßenbau mithilfe der Farben Rot, Orange und Grün abgebildet. Diese Darstellung wird für die eigene Bewertungsmatrix übernommen und adaptiert. In Abb. 5.5 ist die Übernahme und die Anpassung der Symbolik dargestellt. Zur besseren Vergleichbarkeit wird, im Gegensatz zur Arbeitshilfe, die gleiche Bedeutung der Indikatoren für die einzelnen Gegebenheiten verwendet. Dazu wird die Bewertung „möglich" in der Farbe Grün, „bedingt möglich" in der Farbe Orange und „nicht möglich" in der Farbe Rot dargestellt. Als Symbole werden Kreise genutzt. Wenn in den Feldern ein grauer Kreis abgebildet ist, bedeutet das, dass die lokalen Gegebenheiten für die jeweilige Maßnahme nicht relevant sind. Bei einigen Maßnahmen hängt die Bewertung der lokalen Gegebenheit stark von der konkreten Umsetzung ab. Dies wird durch die Doppelfarben im Kreis-Symbol veranschaulicht.

Im zweiten Teil der Bewertungsmatrix werden die Effekte der Maßnahmen anhand der ausgewählten Kriterien bewertet. Die frühzeitige Definition der gewünschten Effekte wird im KURAS-Leitfaden hervorgehoben. Dabei wird erläutert, dass die Auswahl von Maßnahmen maßgeblich davon abhängt, welchen Effekt sie auf das Quartier ausüben, weshalb

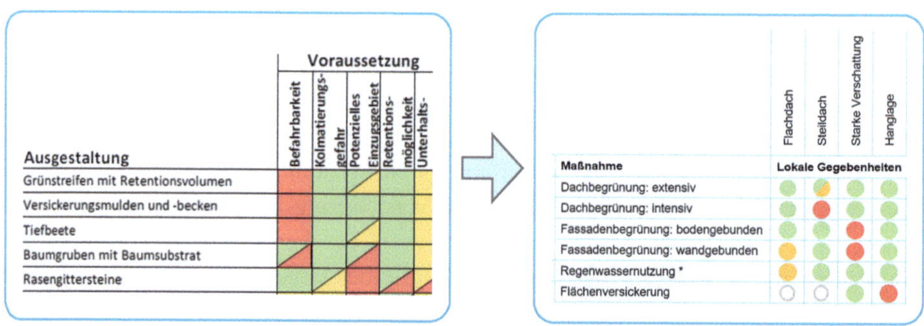

Abb. 5.5 Übernahme und Adaption der Darstellung in der Matrix

Effekte

- Biodiversität
- Mikroklima
- Freiraumqualität

- Verringerung des Oberflächenabflusses
- Wartungsaufwand
- Investitionskosten

Abb. 5.6 Übersicht der ausgewählten Effekte

die klare Definition der gewünschten Effekte von entscheidender Bedeutung ist. Aus diesem Grund werden die Maßnahmen in der Entscheidungshilfe aufgrund ihrer Effekte bewertet.

Um für die private Bauwirtschaft passende Effekte zu definieren, wird den Befragten in den Interviews eine Auswahl präsentiert, die auf der Analyse der wissenschaftlichen Arbeiten und der Auswirkungen der Maßnahmen in Kap. 3 basieren. Die Interviewteilnehmer werden gebeten, diese aufgrund ihrer Relevanz für die private Bauwirtschaft zu bewerten. Durch die Bewertung der Befragten werden die Effekte und ihre Eignung für die private Bauwirtschaft kritisch hinterfragt und nicht geeignete Effekte aussortiert. Die Bewertung ist in Abschn. 5.3.1 in Tab. 5.2 abgebildet. Eine Übersicht der ausgewählten Effekte für die Matrix ist in Abb. 5.6 zu finden und wird im Folgenden erläutert. Die ökologischen Effekte Biodiversität, Mikroklima und Freiraumqualität sind positive Nebenerscheinungen der Maßnahmen des Schwammstadt-Konzepts, deren Relevanz auch von den Interviewenden hervorgehoben wird. Die Verringerung des Oberflächenabflusses ist das Hauptziel des Konzepts der Schwammstadt. Bei der Abflussverringerung sehen die Befragten das Einsparpotenzial für Abwasserkosten als positiver Aspekt. Die Einsparung war zunächst ein einzelner Punkt in der Bewertungsmatrix, wird jedoch angesichts seiner Korrelation mit der Verringerung des Oberflächenabflusses aus der Matrix entfernt. Der Wartungsaufwand sowie die Investitionskosten sind bei der Entscheidung für eine Maßnahme in der privaten Bauwirtschaft aufgrund ihrer wirtschaftlichen Bedeutung für das Bauvorhaben besonders wichtig.

Für die Darstellung der Bewertung der Effekte werden wie in der Arbeitshilfe der Stadt Zürich „+"-Symbole genutzt, um die Bedeutung der Maßnahmen abzubilden. Unterteilt werden diese zusätzlich in positive Effekte, welche mit einem „ + " dargestellt und negative Effekte, welche mit einem „−" abgebildet werden. Dabei wird die Bewertung „geringer positiver Effekt" mit „+", der „moderate positive Effekt" durch „++" und der „hohe positive Effekt" durch „+++" dargestellt. Die gleiche Bewertungsskala wird für die negativen Effekte des Wartungsaufwandes und der Investitionskosten verwendet. Zur visuellen Hervorhebung werden die Felder in Grün und Rot gefärbt. Die Bewertungsskala ist ebenfalls in der Legende der Bewertungsmatrix zu finden.

Die abgebildete Bewertung der einzelnen Maßnahmen basiert auf der Analyse der wissenschaftlichen Arbeiten, insbesondere des KURAS-Leitfadens und der eigenständigen Analyse der bestehenden Maßnahmen in Kap. 3. Die Werte der Effekte Biodiversität,

Mikroklima, Freiraumqualität, Verringerung des Oberflächenabflusses und die Bewertung der Investitionskosten werden aus dem KURAS-Leitfaden übernommen. Der Effekt des Wartungsaufwandes wird aus der Analyse der Maßnahmen hergeleitet. Für die Bewertungsmatrix werden die erarbeiteten Effekte vereinfacht in jeweils drei Kategorien für positive und negative Effekte dargestellt.

Aufgrund der mehrfachen Betonung der Kostenrelevanz in den Interviews wird neben den lokalen Gegebenheiten ein Kostenrahmen für die jeweiligen Maßnahmen dargestellt. Dies dient zur ersten Übersicht der zu erwartenden Kosten in der Projektentwicklungsphase. Es wird bewusst eine Darstellung in Form einer Kostenspanne gewählt, da die endgültigen Kosten stark von der spezifischen Ausführung der Maßnahme und den Gegebenheiten des Grundstücks abhängen. Die angegebenen Kosten dienen als erste Einschätzung zur Auswahl der Maßnahmen.

Nach der übersichtlichen Darstellung der lokalen Gegebenheiten, der Effekte und des Kostenrahmens erfolgt in der zweiten Matrix die Auswahl der Maßnahmen anhand der Priorisierung der Effekte sowie ein Bewertungssystem. Diese Matrix wird im Folgenden als Entscheidungsmatrix bezeichnet. In der Abb. 5.7 ist ein Auszug aus der Entscheidungsmatrix zur Veranschaulichung abgebildet.

In der Entscheidungsmatrix werden die Maßnahmen basierend auf der zuvor festgelegten Priorisierung der Effekte bewertet. Diese Art der Bewertung wird gewählt, da in den Interviews deutlich wird, dass es den Interviewpartnern schwerfällt, bestimmte Effekte gezielt auszuschließen. Zudem zeigt die Auswertung, dass die Relevanzbewertung der Effekte sehr subjektiv ist. Durch die priorisierte Bewertung wird die Auswahl der Maßnahmen optimal an die gewünschten Ziele angepasst.

Zur Auswertung des Gesamtergebnisses der einzelnen Maßnahmen wird die Anzahl der „+“ und „-“ Symbole aus der vorherigen Bewertungsmatrix (siehe Abb. 5.7) in Zahlen geändert. Somit entsteht eine Bewertung der Effekte von minus drei bis drei. Die Darstellung der Bewertung erfolgt auf der linken Seite der Entscheidungsmatrix (siehe Abb. 5.8). Aus der rechten Seite wird die Gewichtung der Priorisierung der Effekte abgebildet, welche vor der Anwendung der Matrix definiert werden. Zur Gewichtung werden die Werte eins bis sechs vergeben, wobei der Wert eins für den am wenigsten relevanten Effekt und der Wert sechs für den relevantesten Effekt vergeben wird. Die Gewichtung wird in die dunkelblaue Zeile eingetragen. Im Anschluss wird die Bewertung der Effekte für jede Maßnahme auf der linken Seite mit den Werten der Gewichtung der einzelnen Effekte multipliziert. Zum Schluss wird das Gesamtergebnis der Maßnahmeneffekte zusammengerechnet und in der rechten Spalte dargestellt. Das höchste Ergebnis weist die größte Übereinstimmung mit den angestrebten Effekten auf. Anhand des Gesamtergebnisses der Maßnahmen mit Berücksichtigung der lokalen Gegebenheiten kann eine Entscheidung getroffen werden, welche Maßnahmen für das Bauvorhaben geeignet sind und umgesetzt werden sollen.

Maßnahme	Flachdach	Steildach	Starke Verschattung	Hanglage	Geringes Flächenpotenzial	Geringe Versickerungsfähigkeit	Hoher Grundwasserstand	Biodiversität	Mikroklima	Freiraumqualität	Verringerung Oberflächenabfluss	Geringer Wartungsaufwand	Investitionskosten	Kosten [€/m²·a]
		Lokale Gegebenheiten								Effekte				
Dachbegrünung: extensiv								++	+	+	++	--	--	0,52 – 5,63
Dachbegrünung: intensiv								+++	++	+++	+++	---	---	0,22 – 21,63
Fassadenbegrünung: bodengebunden								+++	+++	+++	+	--	--	0,02 – 4,11
Fassadenbegrünung: wandgebunden								+++	+++	+++	+	---	---	9,95 – 86,52

Abb. 5.7 Auszug aus der Bewertungsmatrix der Entscheidungshilfe

Maßnahme	Biodiversität	Mikroklima	Freiraumqualität	Verringerung Oberflächenabfluss	Wartungsaufwand	Kosten	Biodiversität	Mikroklima	Freiraumqualität	Verringerung Oberflächenabfluss	Wartungsaufwand	Kosten	Gesamtergebnis
		Bewertung der Effekte						Priorisierung der Effekte (Gewichtung)					
							3	4	5	6	1	2	
Regenwassernutzung	0	0	0	3	-2	-2	0	0	0	18	-2	-4	12
Flächenversickerung	1	2	2	3	-1	-1	3	8	10	18	-1	-2	36
Muldenversickerung	1	1	1	3	-1	-1	3	4	5	18	-1	-2	27

Abb. 5.8 Auszug aus der Entscheidungsmatrix

Aus der Auswertung der Interviews zur Gestaltung einer Planungshilfe in Abschn. 5.3.2 ergibt sich, dass die Befragten eine Checkliste als unterstützendes Hilfsmittel betrachten. Dies bildet die Basis zur Entwicklung von zwei Checklisten für die Entscheidungshilfe.

Abstimmungspunkte	Erledigt	In Bearbeitung	offen	Nicht relevant	Anmerkungen
Anforderungen: Bebauungsplan Überprüfen, welche Vorgaben im Bebauungsplan enthalten sind und welche davon zwingend umzusetzen sind.	☐	☐	☐	☐	
Anforderungen: Baugenehmigung Überprüfen, ob eine Baugenehmigung für das Bauvorhaben vorliegt und welche Maßnahmen darin gefordert werden.	☐	☐	☐	☐	

Abb. 5.9 Auszug aus der Checkliste 1

Bevor die Entscheidungsmatrix genutzt werden kann, müssen bestimmte Informationen und Anforderungen zum Grundstück und dem Bauvorhaben geklärt werden, um geeignete Maßnahmen mit Hilfe der Matrix zu identifizieren. Da es sich bei diesen Abstimmungspunkten oft um längerfristige Aufgaben handelt, ermöglicht die Checkliste eine übersichtliche Darstellung des Bearbeitungsstands, sodass wichtige Punkte während der Entwicklungsphase des Bauvorhabens nicht übersehen werden. In Abb. 5.9 wird ein Auszug aus der Checkliste abgebildet. Beide Checklisten sind gleich aufgebaut und unterscheiden sich nur in ihrem Inhalt voneinander.

In der linken Spalte der Checkliste sind die einzelnen Abstimmungspunkte samt einer kurzen Beschreibung aufgelistet. In der Mitte der Checkliste kann der jeweilige Bearbeitungsstand des Abstimmungspunktes abgehakt werden. Durch die Kategorisierung des Bearbeitungsstands in „erledigt", „in Bearbeitung", „offen" und „nicht relevant" wird auf einen Blick erkennbar, welche Informationen noch fehlen. Rechts wird für jeden Klärungspunkt Raum für Anmerkungen des Nutzers vorgesehen, um individuelle Bemerkungen zu den einzelnen Punkten festhalten zu können.

In der „Checkliste 1: Abstimmungspunkte für die Auswahl der Maßnahmen" werden Abstimmungspunkte aufgelistet, welche vor der Verwendung der Matrix geklärt werden müssen. Darunter fallen die Überprüfung von Anforderungen aus dem Bebauungsplan, der eventuell schon vorliegenden Baugenehmigung und des Entwässerungsgesuchs. Zur Bewertung der lokalen Gegebenheiten ist ein Bodengutachten anzufordern, welches Informationen zu der Versickerungsfähigkeit, des Grundwasserstands und Belastung des Bodens durch Altlasten liefert. Für die Entscheidung von Maßnahmen sind relevante Stakeholder mit einzubeziehen, um ihre Interessen zu berücksichtigen, ebenso ist die Klärung des finanziellen Rahmens für die Maßnahmen des Schwammstadt-Konzepts bedeutsam.

Zur Auswahl der Maßnahmen in der Entscheidungsmatrix müssen die gewünschten Effekte definiert werden, welche die Maßnahmen bewirken sollen.

Nachdem die Maßnahmen durch die Klärung der relevanten Informationen und mithilfe der Entscheidungsmatrix ausgewählt worden sind, sind weitere Abstimmungspunkte zu berücksichtigen, um sicherzustellen, dass die Maßnahmen optimal in das Bauvorhaben integriert und umgesetzt werden können. Hierzu zählt die Überprüfung von möglichen Genehmigungen für die ausgewählten Maßnahmen und die Prüfung der Beteiligung von Behörden für die optimale Umsetzung. Als weiteren Abstimmungspunkt ist die Analyse von relevanten Fördermöglichkeiten für die Maßnahmen sowie die Berücksichtigung der Starkregengefahr im Gebiet für die richtige Dimensionierung der Maßnahmen wichtig. Des Weiteren wird die Berücksichtigung der Maßnahmen im Planungsprozess durch den Architekten und Statiker und die Einbindung von Fachplanern in die Planung erwähnt.

Die Checklisten ermöglichen eine klare Darstellung der wichtigsten Abstimmungspunkte, wodurch wesentliche Handlungsschritte sichtbar werden. Zusammen mit der Entscheidungsmatrix, die die relevantesten Kriterien zur Auswahl geeigneter Maßnahmen übersichtlich darstellt, kann diese Entscheidungshilfe erheblich zur besseren Integration des Schwammstadt-Konzepts in der privaten Bauwirtschaft beitragen. Die Übersicht der lokalen Gegebenheiten zeigt unmittelbar, welche Maßnahmen für das Bauvorhaben umsetzbar sind. Durch die Entscheidungsmatrix werden die positiven Effekte der Maßnahmen sichtbar, wodurch die Auswahl der Maßnahmen nicht nur nach den Investitionskosten entschieden werden kann. Dies kann zu einer erhöhten Berücksichtigung der Schwammstadt-Maßnahmen bei der Entwicklung von Bauvorhaben führen. Die komplette Entscheidungshilfe mit Checklisten und Entscheidungsmatrix ist im Anhang 2 zu finden.

Literatur

1. *Baur, Nina & Blasius Jörg (Hrsg.):* Handbuch Methoden der empirischen Sozialforschung. VS Verlag für Sozialwissenschaften, Wiesbaden, 2019.
2. *Vogt, S.; Werner, M.:* Forschen mit Leitfadeninterviews und qualitativer Inhaltsanalyse. Köln, Fachhochschule Köln – Fakultät für angewandte Sozialwissenschaften, Skript, 2014.

Im vorherigen Kapitel wird die Entscheidungshilfe für die Integration von Maßnahmen des Schwammstadt-Konzepts in die private Bauwirtschaft erarbeitet und in diesem Kapitel wird diese Hilfe auf ein Bespielbauvorhaben angewendet. Die Entscheidungshilfe ist in Anhang 2 zu finden. Das ausgewählte Beispiel dient als repräsentativer Anwendungsfall für die Nutzung der Entscheidungshilfe. Das ausgewählte Bauvorhaben eignet sich besonders gut, da es sich um den Neubau eines Wohnquartiers handeln. Ebenso wird es aufgrund seiner mittelgroßen Größe und seiner Bauweise in Massivbauweise mit Tiefgarage ausgewählt, die mit vielen anderen Bauprojekten vergleichbar ist.

6.1   Projektbeschreibung

Bei dem geplanten Bauvorhaben handelt es sich um ein Neubau-Wohnquartier auf einem 8500 m^2 großem Gelände. Insgesamt werden sieben Mehrfamilienhäuser mit 61 Wohnungen, eine Kita und zwei Tiefgaragen errichtet. Die Übersicht der Gebäude ist in Abb. 6.1 dargestellt. Die Gebäude werden für die bessere Zuordnung mit den Buchstaben A – H bezeichnet.

© Der/die Autor(en), exklusiv lizenziert an Springer Fachmedien Wiesbaden GmbH, ein Teil von Springer Nature 2025

L. Jourdan, *Schwammstadt-Konzept*, Entwicklung neuer Ansätze zum nachhaltigen Planen und Bauen, https://doi.org/10.1007/978-3-658-48366-1_6

Abb. 6.1 Übersichtsplan des Bauvorhabens

6.2   Anwendung der Entscheidungshilfe

6.2.1   Ermittlung relevanter Informationen zur Maßnahmenauswahl

Um die Entscheidungsmatrix anwenden zu können, werden mithilfe der Checkliste 1 alle relevanten Informationen über das Bauvorhaben zusammengesucht. Das Zusammentragen der Abstimmungspunkte ist ein zeitlich länger andauernder Prozess in der Projektentwicklungsphase. Für dieses Bauvorhaben liegen die Informationen schon vor und werden im Folgenden erläutert.

Für das verwendete Beispiel liegt ein bauvorhabenbezogener Bebauungsplan vor. Die Anforderungen aus dem Bebauungsplan finden sich auch in der daraus folgenden Baugenehmigung wieder und werden im Folgenden zusammengefasst. Anforderungen, welche für die Umsetzung der Maßnahmen des Schwammstadt-Konzept relevant sind, sind vor allem die Festlegung zur Umsetzung von Retentionsmaßnahmen zur Entlastung des Kanals und die Bestimmung, des Regenwasserrückhalts, welches nach § 55 WHG auf dem Grundstück versickern soll. Als Maßnahmen werden dafür die extensive Begrünung der Dachflächen und der intensiven Begrünung der Tiefgarage mit mindestens 40 cm Substrat vorgeschrieben. Gestalterische Anforderungen an die Gebäude ist einerseits die Flachdachbauweise und andererseits die Gestaltung der Fassade in hellen Putzfarben mit dunkleren Akzenten.

In dem Entwässerungsgesuch für das Bauvorhaben wird eine Einleitbeschränkung in den Kanal festgelegt, da dieser für das Bauvorhaben zu klein ist.

Das frühzeitig eingeholte Bodengutachten zeigt, dass der Boden aufgrund der Lage im Oberrheingraben aus gut versickerungsfähigem Material besteht. Es werden keine Altlasten vorgefunden und durch den Grundwasserstand, welcher bei circa 116,00 m liegt, ergeben sich keine Nachteile auf die Versickerungsmaßnahmen. Aus dem Bodengutachten sind somit keine Einschränkungen für die Umsetzung der Maßnahmen ersichtlich.

Die Topografie des Geländes zeichnet sich durch eine leichte Hanglage aus. Diese Hanglage wird durch die versetzte Anordnung der beiden Tiefgaragen ausgeglichen, wodurch auf dem Grundstückdrei ebene Flächen entstehen. Dadurch hat die Hanglage selbst keine negativen Auswirkungen auf die Umsetzung der Schwammstadt-Maßnahmen, jedoch schränkt der Höhenversatz das verfügbare Flächenpotenzial ein. Das Flächenpotenzial des Grundstücks wird differenziert betrachtet. Innerhalb der Bebauung auf der Tiefgarage ist das Flächenpotenzial für Maßnahmen durch die Bebauung eingeschränkt. Außerhalb der Bebauung im nordöstlichen Bereich des Grundstücks bietet die freie Grünfläche wiederum genügend Platz für Maßnahmen des Schwammstadt-Konzepts. Für das ganze Bauvorhaben kann das Flächenpotenzial weiterhin als groß eingeschätzt werden. Durch die Lage des Bauvorhabens am Ortseingang und die Einbettung des Grundstücks im Süden und Westen durch breite Straßen ergeben sich keine negativen Auswirkungen auf die Verschattung des Gebäudes. Aus dem Bebauungsplan, der Baugenehmigung und den ersten Planungsentwürfen ergeben sich spezifische Anforderungen an das Gebäude mit relevanter Bedeutung für die Auswahl der Maßnahmen. Die sieben Gebäude werden mit zwei aneinander liegenden Tiefgaragen vollständig unterkellert. Dies begrenzt die Auswahl an Versickerungsmaßnahmen, die bei der Planung entsprechend berücksichtigt werden müssen. Die Gebäude sind in Massivbauweise mit einem Wärmedämmverbundsystem geplant. Bei der möglichen Auswahl einer Fassadenbegrünung ist sicherzustellen, dass diese mit der Fassade kompatibel ist. Die Voraussetzungen der Fassade werden in Abschn. 3.1 näher beschrieben. Da die Dächer als Flachdächer ausgeführt werden, bestehen keine Einschränkungen bei der Wahl der Dachbegrünung.

Der finanzielle Rahmen und die angestrebten Effekte werden in mehreren Gesprächen mit den relevanten Stakeholdern abgestimmt. Ein finanzieller Rahmen im mittleren Bereich für die Maßnahmen wird festgelegt. Dabei wird betont, dass aufgrund der Beschränkungen bei der Einleitung in den Kanal und der Anforderungen aus dem Bebauungsplan die Priorität auf der Auswahl geeigneter Maßnahmen liegt. Als Ziele der gewünschten Effekte wird die Verringerung des Oberflächenabflusses als höchste Priorität hervorgehoben. Nach der Abflussverringerung wird die Verbesserung der Freiraumqualität angestrebt, um die Lebensqualität der Bewohner im Mehrgenerationen-Quartier zu steigern und den Aufenthaltswert des Quartiers zu erhöhen. Des Weiteren wird die Förderung des Mikroklimas als Aspekt festgelegt, um die Erwärmung innerhalb des Quartiers durch die dichtere Bebauung reduzieren sowie die Biodiversität erhöhen zu können, um ein geeignetes Umfeld für den Kindergarten zu gestalten. Die Investitionskosten werden bei der Priorisierung nach den oben genannten Effekten eingeordnet, da die Wirksamkeit der Maßnahmen gemäß den Anforderungen des Bauvorhabens als besonders wichtig erachtet wird. Der Wartungsaufwand wird als letzter Punkt in der Priorisierung berücksichtigt, da eine Firma für den Unterhalt der Außenanlagen des Quartiers beauftragt wird. Somit entstehen für die Bewohner des Quartiers kein direkter Wartungsaufwand.

Aus den gesammelten Informationen geben sich folgende Anforderungen an die lokalen Gegebenheiten des Grundstücks in der Entscheidungsmatrix (Abb. 6.2):

Die Priorisierung der Effekte ist in der folgenden Abb. 6.3 veranschaulicht.

Lokale Gegebenheiten des Anwendungsbeispiels:

- **Flach- oder Steildach:**
  Alle Gebäude verfügen über Flachdachkonstruktionen.
- **Starke Verschattung:**
  Es gibt keine Verschattung durch benachbarte Bebauung.
- **Hanglage:**
  Die vorhandene Hanglage wird durch den Höhenversatz der Tiefgaragen ausgeglichen und beeinflusst somit nicht die Umsetzung der Maßnahmen.
- **Geringes Flächenpotenzial:**
  Obwohl der Höhenversatz der Tiefgaragen das Flächenpotenzial reduziert, stehen im Allgemeinen ausreichend freie Flächen zur Verfügung.
- **Geringe Versickerungsfähigkeit:**
  Laut Bodengutachten besitzt der Boden eine gute Versickerungsfähigkeit.
- **Hoher Grundwasserstand:**
  Es ist kein hoher Grundwasserstand vorhanden.

Abb. 6.2 Übersicht der lokalen Gegebenheiten

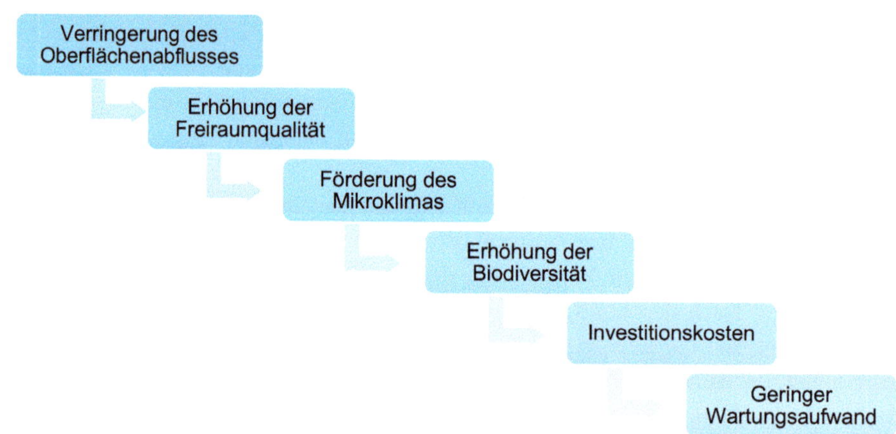

Abb. 6.3 Priorisierung der Effekte

6.2.2   Auswahl der Maßnahmen

Nach dem alle relevanten Information zusammengetragen und die gewünschten Effekte definiert sind, können die geeigneten Maßnahmen für das Bauvorhaben ausgesucht werden. Zuerst wird anhand der Bewertungsmatrix, definiert, welche Maßnahmen aufgrund der lokalen Gegebenheiten nicht geeignet sind. Dazu werden die einzelnen Maßnahmen nach den Voraussetzungen des Grundstücks bewertet.

Die extensive und intensive Dachbegrünung ist aufgrund der Flachdächer auf allen sieben Gebäuden möglich. Auch eine Fassadenbegrünung ist umsetzbar, da keine starke Verschattung durch benachbarte Gebäude zu erwarten ist. Die Nutzung von Regenwasser ist aufgrund der Flachdachkonstruktion jedoch nur eingeschränkt nutzbar. Das Fehlen eines Gefälles kann dazu führen, dass das Regenwasser nicht effizient abfließt und möglicherweise stark verschmutzt zur Speicherung gelangt. Ebenso gestaltet sich durch die Tiefgarage die Anordnung der Zisterne als schwierig. Für die Versickerung wird das verfügbare Potenzial innerhalb und außerhalb der Bebauung betrachtet. Innerhalb der Bebauung sind die Flächen aufgrund der räumlichen Einschränkungen durch die Gebäude und die Tiefgarage für eine Flächenversickerung nicht geeignet. Außerhalb der Bebauung, insbesondere im Nordosten des Grundstücks, ist jedoch ausreichend Platz für eine Versickerung vorhanden. Die gute Versickerungsfähigkeit des Bodens und der niedrige Grundwasserstand ermöglichen die Umsetzung von Muldenversickerungen, Rigolenversickerungen und Mulden-Rigolen-Systemen. Dabei muss beachtet werden, dass auf der Tiefgarage keine Versickerung möglich ist. Diese Systeme müssen daher außerhalb der Tiefgarage angeordnet werden, um die Einleitbeschränkung aus dem Entwässerungsgesuch einhalten zu können. Retentionsflächen, wie Teiche oder Seen, können im Nordosten des Grundstücks angelegt werden, da dort genügend Fläche vorhanden ist und keine Hanglage besteht. In Tab. 6.1 sind die geeigneten Maßnahmen übersichtlich dargestellt.

Nach der Analyse der lokalen Gegebenheiten mithilfe der Bewertungsmatrix werden die geeigneten Maßnahmen für das Bauvorhaben unter Berücksichtigung der priorisierten gewünschten Effekte mittels der Entscheidungsmatrix ausgewählt. Dazu erfolgt die Gewichtung der Priorisierung der Effekte gemäß den definierten Zielen aus Checkliste 1 (siehe Abb. 6.3), wobei die Werte von eins bis sechs verteilt werden. Das Gesamtergebnis wird mithilfe der Entscheidungsmatrix für jede Maßnahme berechnet. Das Ergebnis der Entscheidungsmatrix für das Anwendungsbeispiel ist in Tab. 6.2 zu sehen und wird im Folgenden näher erläutert.

Aus der Entscheidungsmatrix ergibt sich, dass die Retentionsflächen mit einem Wert von 50 das höchste Gesamtergebnis erzielt. Dies weist auf eine besonders hohe Übereinstimmung mit den gewünschten Effekten hin, insbesondere in den Bereichen Biodiversität, Mikroklima und Freiraumqualität mit geringen negativen Werten für Wartungsaufwand und Kosten. Die Retentionsflächen werden aufgrund ihrer hohen Übereinstimmung mit den gewünschten Effekten als Maßnahme ausgewählt. Die Analyse der lokalen Gegebenheiten ergibt, dass die Grünfläche im Nordosten des Grundstücks ausreichend Platz bietet,

Tab. 6.1 Übersicht der geeigneten Maßnahmen für das Bauvorhaben

Kategorie	Maßnahme		Eignung für das Bauvorhaben
Begrünung	Dachbegrünung: extensiv	✓	Flachdächer auf allen Gebäuden ermöglichen die Umsetzung.
	Dachbegrünung: intensiv	✓	Tiefgarage bietet ausreichend Tragfähigkeit und Platz.
	Fassadenbegrünung	✓	Keine starke Verschattung durch benachbarte Gebäude, daher gut umsetzbar.
Nutzung	Regenwassernutzung	−	Flachdachkonstruktion erschwert effizienten Wasserabfluss. Anordnung der Zisterne durch Tiefgarage problematisch.
Versickerung	Flächenversickerung	✗	Innerhalb Bebauung: Aufgrund räumlicher Einschränkungen durch Gebäude und der Tiefgarage nicht umsetzbar.
		✓	Außerhalb Bebauung: Ausreichend Platz im Nordosten, Boden eignet sich durch gute Versickerungsfähigkeit.
	Muldenversickerung	✓	Außerhalb der Tiefgarage durch gute Bodeneigenschaften geeignet.
	Rigolenversickerung	✓	Außerhalb der Tiefgarage durch gute Bodeneigenschaften und niedrigen Grundwasserstand geeignet.
	Mulden-Rigolen-Systeme	✓	Außerhalb der Tiefgarage durch gute Bodeneigenschaften und niedrigen Grundwasserstand geeignet.
Wasserfläche	Retentionsflächen	✓	Im Nordosten des Grundstücks genügend Platz. Keine Hanglage vorhanden.

um einen Teich als Retentionsfläche umzusetzen und um den Überlauf des Teiches durch eine Flächenversickerung zu gestalten.

Das Ergebnis der intensiven Dachbegrünung folgt mit einem Wert von 41 und erzielt durch die positiven Effekte bei den Kriterien Biodiversität, Freiraumqualität und Verringerung des Oberflächenwassers einen fast doppelt so hohen Wert wie die extensive Dachbegrünung mit einem Ergebnis von 21. Die lokalen Gegebenheiten ergeben keine Einschränkungen in der Dachbegrünung. Aufgrund des hohen Ergebnisses wird die Tiefgaragendecke vollflächig intensiv begrünt. Aufgrund der höheren Kosten der intensiven Begrünung wird entschieden, lediglich die Fläche über der Tiefgarage intensiv zu begrünen, während die Dächer der Gebäude mit einer extensiven Begrünung versehen werden.

Tab. 6.2 Ausgefüllte Entscheidungsmatrix für das Anwendungsbeispiel

Kategorie	Maßnahme	Bewertung der Effekte						Priorisierung der Effekte (Gewichtung)						Gesamt-ergebnis
		Biodiversität	Mikroklima	Freiraumqualität	Verringerung Oberflächenabfluss	Wartungsaufwand	Kosten	Biodiversität	Mikroklima	Freiraumqualität	Verringerung Oberflächenabfluss	Wartungsaufwand	Kosten	
								3	4	5	6	1	2	
Begrünung	Dachbegrünung: extensiv	2	1	1	2	-2	-2	6	4	5	12	-2	-4	21
	Dachbegrünung: intensiv	3	2	3	3	-3	-3	9	8	15	18	-3	-6	41
	Fassadebegrünung: bodengebunden	3	3	3	1	-2	-2	9	12	15	6	-2	-4	36
	Fassadebegrünung: wandgebunden	3	3	3	1	-3	-3	9	12	15	6	-3	-6	33
Nutzung	Regenwassernutzung	0	0	0	3	-2	-2	0	0	0	18	-2	-4	12
Versickerung	Flächenversickerung	1	2	2	3	-1	-1	3	8	10	18	-1	-2	36
	Muldenversickerung	1	1	1	3	-1	-1	3	4	5	18	-1	-2	27
	Rigolenversickerung	0	0	0	3	-1	-1	0	0	0	18	-1	-2	15
	Mulden-Rigolen-Systeme	1	1	1	3	-1	-1	3	4	5	18	-1	-2	27
Wasserfläche	Retentionsfläche	3	3	3	2	-2	-1	9	12	15	18	-2	-2	50

Die bodengebundene Fassadenbegrünung folgt mit einem Gesamtergebnis von 36 und liegt somit durch die geringeren Wartungsaufwand und die geringeren Kosten vor der wandgebundenen Variante. Aufgrund der sonst vergleichbaren Effekte wird die bodengebundene Variante der wandgebunden vorgezogen.

In der Kategorie Versickerung erzielt die Flächenversickerung den höchsten Wert mit einem Ergebnis von 36 durch seine moderat positiven Effekte bei der Freiraumqualität und des Mikroklimas. In dieser Kategorie folgt mit 27 Punkten die Muldenversickerung und mit 26 Punkten die Mulden-Rigolen-Versickerung. Die Rigolenversickerung erzielt mit 15 Punkten aufgrund der fehlenden Effekte auf Biodiversität, Mikroklima und Freiraumqualität durch die Anordnung der Maßnahme im Untergrund. Anlässlich der unterschiedlichen Gegebenheiten innerhalb und außerhalb der Bebauung wird eine Kombination verschiedener Versickerungsmaßnahmen gewählt. Diese Kombination ermöglicht es, die moderaten Effekte auf Biodiversität, Mikroklima und Freiraumqualität zu verbessern und gleichzeitig die positiven Auswirkungen auf die Verringerung des Oberflächenabflusses optimal zu nutzen. Um das Wasser von den Dachflächen über der Tiefgarage aufzufangen, werden dort Retentionsboxen installiert, die die Speicherkapazität der Tiefgaragenfläche erhöhen und zur Verdunstung des Wassers beitragen. Das überschüssige Wasser wird über die beiden Tiefgaragen zu den nächstgelegenen Mulden geleitet, dort kann es in den Untergrund versickern. Im Norden der Häuser A und B wird trotz des schlechten Gesamtergebnisses angesichts der großen Fläche der Tiefgarage eine Rigolenversickerung angelegt, damit sichergestellt werden kann, dass das anfallende Wasser gesichert versickern kann. Mulden-Rigolen-Systeme werden aufgrund der guten Versickerungsfähigkeit des Bodens nicht benötigt.

Die Regenwassernutzung hat das niedrigste Gesamtergebnis mit einem Wert von 12. Das liegt unter anderem an den fehlenden Effekten auf Biodiversität, Mikroklima und Freiraumqualität, den moderat negativen Effekten auf den Wartungsaufwand sowie den gering negativen Effekt der Kosten. Angesichts des Ergebnisses sowie der eingeschränkten Nutzung durch die Flachdachkonstruktionen und die Tiefgarage wird die Regenwassernutzung nicht als Maßnahme für das Bauvorhaben gewählt.

Die Auswahl und die Platzierung der Maßnahmenkombination werden im folgenden Lageplan in Abb. 6.4 dargestellt.

6.2.3 Abklärungspunkte für das weitere Vorgehen

Nach dem die Maßnahmen ausgewählt sind, müssen noch einige Abstimmungspunkte beachtet werden, um die Maßnahmen optimal in das Bauvorhaben integrieren zu können. Hierzu wird die Checkliste 2 der Entscheidungshilfe angewendet. Die Genehmigung für den Bau der Rigole im Norden des Grundstückes wurde beim zuständigen Tiefbauamt bereits beantragt. Ebenso sind die Behörden durch den vorhabenbezogenen Bebauungsplan bereits in die Planung integriert. Die Prüfung der Fördermöglichkeiten ergibt, dass

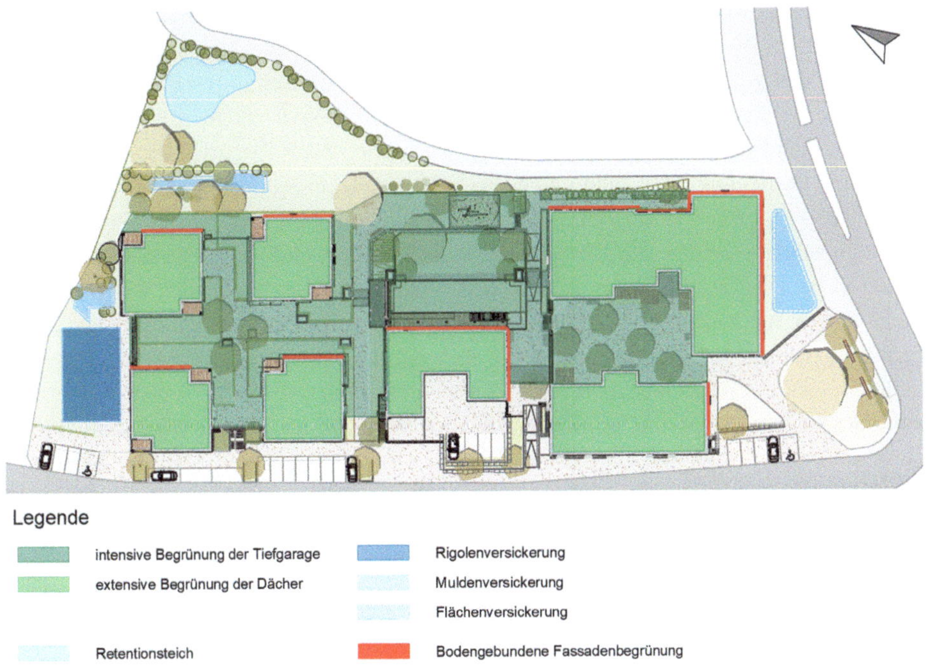

Abb. 6.4 Übersicht der ausgewählten Maßnahmen auf dem Grundstück

keine Förderungen für die vorgesehenen Maßnahmen verfügbar sind. Außerdem ist im Baugebiet von keiner Starkregengefahr auszugehen. Der Architekt ist über die Auswahl der Maßnahmen informiert und wird sie in seiner Planung berücksichtigen. Die Auswahl der Fachplaner für die Maßnahmen der Schwammstadt steht noch aus.

6.3 Anpassungen der Entscheidungshilfe

Nach der Anwendung der entwickelten Entscheidungshilfe in Abschn. 6.2 wird in diesem Abschnitt eine Reflexion vorgenommen. Dabei werden mögliche Schwächen oder Unvollständigkeiten analysiert und Vorschläge zur Verbesserung diskutiert.

Die erste Checkliste, die zum Sammeln der benötigten Informationen und Anforderungen dient, hat sich als nützlich erwiesen. Das Sammeln der Informationen erstreckt sich über einen längeren Zeitraum. Da die relevanten Daten angefordert und gesammelt werden müssen, ist es entscheidend, diesen zeitlichen Aufwand bei der Anwendung der Entscheidungshilfe einzuplanen.

Die Festlegung des finanziellen Rahmens für die Maßnahmenauswahl erwies sich als schwierig, da die Dimensionen und die Umsetzung der Maßnahmen zu diesem Zeitpunkt noch nicht feststehen und somit die anfallenden Kosten nicht bekannt sind. Dieser Punkt sollte allerdings wegen seiner großen Bedeutung nicht aus der Checkliste gestrichen werden. Durch die Bewertung der Investitionskosten in der Entscheidungsmatrix können die Kosten jedoch grob abgeschätzt werden. Statt einen festen Betrag festzulegen, sollte der finanzielle Rahmen so definiert werden, dass die Bereitschaft zur Investition in geringe, moderate oder hohe Kosten bestimmt wird.

Bei der Festlegung der gewünschten Effekte hat sich gezeigt, dass es sinnvoll ist, diese zu priorisieren, sodass kein Effekt vollständig ausgeschlossen wird. In der aktuellen Entscheidungsmatrix erfolgt die Gewichtung der Prioritäten auf einer Skala von 1 bis 6. Diese Skala wird aufgrund der Anzahl der bewerteten Effekte und der Rangfolge, die durch Checkliste 1 ermittelt wird, festgelegt. Allerdings hat das Anwendungsbeispiel verdeutlicht, dass diese festgelegte Skala die Auswahlmöglichkeiten der Nutzer einschränkt und eine gleichwertige Gewichtung der Effekte nicht zulässt. Um eine größere Flexibilität und eine bessere Anpassung an die spezifischen Wünsche an das jeweilige Bauvorhaben zu ermöglichen, ist es ratsam, die Gewichtung offener zu gestalten und auf eine Skala von 1 bis 10 zu erweitern. Dies lässt nicht nur einen größeren Spielraum bei der Gewichtung zu, sondern bietet auch die Möglichkeit, die Relevanz eines bestimmten Effekts deutlicher hervorzuheben. Zudem sollte es möglich sein, mehrere Effekte mit der gleichen Gewichtung zu versehen, wenn diese für den Nutzer gleich wichtig sind. Diese Anpassung der Gewichtung führt zu einer präziseren Entscheidungsgrundlage, die den definierten Wünschen besser entspricht. Die angepasste Gewichtung sollte ebenfalls in den Abklärungspunkt „Gewünschte Effekte priorisieren" aufgenommen werden, um den Nutzer auf die Auswahlmöglichkeiten hinzuweisen.

Ein wichtiger Aspekt, der bei der Anwendung der Entscheidungshilfe für das ausgewählte Bauvorhaben deutlich wird, ist, die Tiefgarage als lokale Gegebenheit, die allerdings nicht in der Entscheidungsmatrix berücksichtigt ist. Diese sollte als Kriterium der lokalen Gegebenheiten in die Entscheidungsmatrix aufgenommen werden, da sie die Auswahl der Maßnahmen erheblich beeinflussen kann. Ebenso sollte die Tiefgarage als Abstimmungspunkt in die erste Checkliste integriert werden, damit frühzeitig Lösungen entwickelt werden können, um die Maßnahmen der Schwammstadt trotz Tiefgarage in das Bauvorhaben zu integrieren. Als Maßnahme können Retentionsboxen in die Entscheidungshilfe aufgenommen werden, um die Speicherfähigkeit der Tiefgarage zu erhöhen.

Bei der Anwendung der Entscheidungshilfe hat sich außerdem gezeigt, dass die lokalen Gegebenheiten nicht für das gesamte Grundstück einheitlich betrachtet werden können, da die Anforderungen auf dem Grundstück stark variieren können. Bei der Auswahl der Flächenversickerung wird im Anwendungsbeispiel zwischen der Fläche innerhalb und der Fläche außerhalb der Bebauung auf der Tiefgarage differenziert. Eine differenziertere Betrachtung der einzelnen Grundstücksabschnitte kann sicherstellen, dass keine Maßnahme vollständig ausgeschlossen wird und die Auswahl der Maßnahmen erweitert werden kann. Gleichzeitig erhöht dies jedoch den Aufwand für das Einholen der Anforderungen an das Bauvorhaben. Trotz der Vereinfachung der lokalen Gegebenheiten kann die Entscheidungsmatrix dennoch zu einer fundierten Auswahl der Maßnahmen führen und sich als effektives Instrument erweisen.

Schlussbetrachtung 7

7.1 Zusammenfassung

Das folgende Kapitel fasst die Ergebnisse der Arbeit abschließend zusammen.

Die Auswirkungen des Klimawandels führen zu einem Anstieg der Hitzetage sowie der Starkregenereignisse. Dadurch wird die Kanalisation zunehmend überlastet, wodurch Überflutungen entstehen können. Aus diesen Gründen ist ein Umdenken im Umgang mit Regenwasser erforderlich. Das Konzept der Schwammstadt ist hierbei ideal, da es Regenwasser in der Stadt zurückhält, zwischenspeichert und wieder verzögert dem natürlichen Wasserhaushalt wieder zuführt [1].

Diese Arbeit betrachtet, wie die Integration des Konzepts der Schwammstadt in der privaten Bauwirtschaft gefördert werden kann. Hierzu wurden in Kap. 3 bestehende Maßnahmen des Konzepts hinsichtlich ihrer Voraussetzungen, ihre Auswirkungen und ihrer Wirtschaftlichkeit analysiert.

Die Analyse der Richtlinien und wissenschaftlichen Veröffentlichungen zeigt, dass der privaten Bauwirtschaft geeignete Planungsinstrumente fehlen, die bei der Auswahl von Maßnahmen für die Schwammstadt unterstützen können. Auf Grundlage dieser Erkenntnisse wird die Entwicklung einer praxisorientierten Entscheidungshilfe für die private Bauwirtschaft als erforderlich angesehen. Die ausgewerteten wissenschaftlichen Veröffentlichungen beschreiben die Bedeutung der Zieldefinition und der Untersuchung der Maßnahmen in Bezug auf die lokalen Gegebenheiten. Ebenso wird die Effektivität von Bewertungsmatrizen hervorgehoben. Der Aufbau der erarbeiteten Entscheidungshilfe orientiert sich dabei an den Ergebnissen dieser Arbeiten.

In Kap. 5 erfolgte die Anpassung der bestehenden Aspekte aus dem kommunalen Bereich auf die Ansprüche der privaten Bauwirtschaft. Anhand geführter Interviews mit Personen aus der Baubranche wurden relevante Maßnahmen, lokale Gegebenheiten und Effekte definiert, die eine praxisnahe Entscheidungshilfe ermöglichen.

L. Jourdan, *Schwammstadt-Konzept*, Entwicklung neuer Ansätze zum nachhaltigen Planen und Bauen, https://doi.org/10.1007/978-3-658-48366-1_7

Aus den Erkenntnissen der Analysen in Kap. 3 und 4 sowie der Ergebnisse der Interviews erfolgte die Entwicklung der Entscheidungshilfe, um geeignete Maßnahmen des Schwammstadt-Konzepts für das jeweilige Bauvorhaben auswählen zu können. Die Entscheidungshilfe besteht aus zwei Matrizen, welche die lokalen Gegebenheiten, die Effekte der Maßnahmen und einen Kostenrahmen bei der Auswahl berücksichtigen. Da die Kosten der Maßnahmen stark von der jeweiligen Umsetzung abhängen, wurde die Darstellung in Form einer Spanne von minimalen bis maximalen Kosten gewählt. Eine detailliertere Kostenaufstellung für verschiedene Umsetzungsmöglichkeiten der jeweiligen Maßnahmen wird im Ausblick der Arbeit in Abschn. 7.3 erneut aufgegriffen. Des Weiteren wurden zwei Checklisten entworfen, die relevante Abstimmungspunkte für die Planung der Maßnahmen beschreiben.

Abschließend wurde die erstellte Entscheidungshilfe anhand eines Praxisbeispiels angewandt. Im Zuge dessen wurde deutlich, wie die Entscheidungshilfe genutzt werden kann und welche Maßnahmen des Schwammstadt-Konzepts in Bezug auf die gewünschten Effekte und die Gegebenheiten des Bauvorhabens realisierbar sind. Die Anwendung zeigt, dass die Tiefgarage als wichtiger Aspekt in die Entscheidungshilfe integriert werden muss und die Skala zur Gewichtung der Effekte erweitert werden sollte, um mehr Flexibilität und eine bessere Anpassung an die spezifischen Anforderungen des jeweiligen Bauvorhabens zu ermöglichen. Durch die Bewertung erleichterte die Entscheidungshilfe die Auswahl der geeigneten Maßnahmen.

7.2 Überprüfen der Zielsetzung

Zur Überprüfung der formulierten Zielsetzung werden im Folgenden, die in Abschn. 1.2 definierten Teilziele betrachtet.

1. Analyse möglicher Maßnahmen des Schwammstadt-Konzepts für ein Wohnquartier
2. Identifizierung praxisnaher Voraussetzungen und Effekte
3. Entwicklung einer Entscheidungshilfe zur Auswahl geeigneter Maßnahmen

Zur Umsetzung des ersten Teilziels wurden in Kap. 3 der Arbeit die bestehenden Maßnahmen der Regenwasserbewirtschaftung und der Bauwerksbegrünung analysiert. Die Analyse der Maßnahmen zeigt, dass diese einen wesentlichen Beitrag zum Erhalt des natürlichen Wasserhaushalts und zur Reduzierung des Oberflächenabflusses leisten. Anhand der Analyse werden relevante Voraussetzungen zur Umsetzung identifiziert. Bei der Auswertung des aktuellen Stands der Technik und der Forschung wurden neben den Gesetzen und Richtlinien zum Wasserhaushalt wissenschaftliche Veröffentlichungen zum Thema Regenwassermanagement betrachtet. Die Veröffentlichungen zeigen, dass die Integration der Maßnahmen ein hohes Potenzial zur Verbesserung der nachhaltigen Stadtentwicklung bietet.

Um das zweite Teilziel umzusetzen, wurden in Kap. 5 Leitfadeninterviews mit Personen aus der Baubranche geführt, um praxisnahe Voraussetzungen und Effekte zu identifizieren, die für die Umsetzung der Maßnahmen in der privaten Bauwirtschaft entscheidend sind. Dabei wurden anhand der Interviewergebnisse relevante Aspekte der Voraussetzungen und der Effekte für die Belange der privaten Bauwirtschaft erarbeitet, welche in der Entscheidungshilfe berücksichtigt wurden.

Durch die Analyse des Stands der Technik und der Forschung in Kap. 4 wurde festgestellt, dass es an Tools fehlt, die der privaten Bauwirtschaft bei der Auswahl von Maßnahmen zur Schwammstadt helfen können, obwohl vorhandene Leitfäden und Forschungen bereits klare Ansätze für die Anwendung bieten. Basierend auf diesen Erkenntnissen wird die Entwicklung einer praxisorientierten Entscheidungshilfe für die private Bauwirtschaft als notwendig erachtet. Für die Umsetzung des letzten Teilziels wurde dementsprechend im Abschn. 5.4 eine Entscheidungshilfe entwickelt. Anhand dieser können geeignete Maßnahmen basierend auf den lokalen Gegebenheiten und den priorisierten Wünschen der Bauherren ausgewählt werden Anhand der entwickelten Checklisten werden relevante Abstimmungspunkte erläutert, um die Integration der Maßnahmen in das Bauvorhaben sicherzustellen.

Die übergeordnete Forschungsfrage *„Wie kann die Integration des Konzepts der Schwammstadt in der privaten Bauwirtschaft erhöht werden?"* lässt sich anhand der oben betrachteten Teilziele wie folgt beantworten:

Planungshilfen, wie die in dieser Arbeit entwickelte Entscheidungshilfe, können ein hilfreiches Werkzeug sein, die Integration des Schwammstadt-Konzepts in der privaten Bauwirtschaft zu fördern. Durch die entwickelte Entscheidungshilfe, welche die lokalen Gegebenheiten, Ziele und gewünschten Effekte berücksichtigt, können geeignete Maßnahmen zur Integration des Schwammstadt-Konzepts gezielt ausgewählt werden. Somit werden Unsicherheiten reduziert und die Auswahl geeigneter Lösungen erleichtert. Mithilfe der Checklisten zusammen mit der Entscheidungsmatrix, bietet die Entscheidungshilfe eine konkrete Anleitung zur Integration der Schwammstadt-Prinzipien in die Planung. Infolgedessen führt sie zu einer strukturierten und zielgerichteten Umsetzung des Konzepts. Die Entscheidungshilfe erleichtert die Auswahl und Umsetzung geeigneter Maßnahmen, indem sie sowohl die finanziellen als auch die ökologischen Aspekte berücksichtigt und in den Planungsprozess integriert. Die Übersicht über lokale Gegebenheiten ermöglicht es, Maßnahmen auszuwählen, die tatsächlich umsetzbar sind. Durch die Entscheidungsmatrix werden die positiven ökologischen Effekte der Maßnahmen sichtbar, wodurch die Auswahl der Maßnahmen nicht nur basierend auf den Investitionskosten entschieden wird. Dies kann zu einer erhöhten Berücksichtigung der Schwammstadt-Maßnahmen bei der Entwicklung von Bauvorhaben führen.

Die Entscheidungshilfe trägt durch ihre systematische Bewertung der Maßnahmen sowie die strukturierte Berücksichtigung aller relevanten Faktoren maßgeblich zur verbesserten Integration des Schwammstadt-Konzepts in der privaten Bauwirtschaft bei.

Die vorliegende Arbeit schafft somit eine nützliche Grundlage zur Förderung der Integration des Schwammstadt-Konzepts. Darauf aufbauend können weitere Forschungen durchgeführt werden, die im folgenden Kapitel vorgestellt werden.

7.3 Ausblick

Die erarbeitete Entscheidungshilfe beschäftigt sich mit der Auswahl der Maßnahmen in der frühen Phase der Projektentwicklung. Dabei werden die unterschiedlichen Umsetzungs- und Ausführungsmöglichkeiten der Maßnahmen nicht vollumfänglich beschrieben. Der Fokus der Entscheidungshilfe liegt darauf, verschiedene Möglichkeiten aufzuzeigen und die grundlegende Auswahl für das Bauvorhaben zu erleichtern. In Anbetracht der Relevanz von detaillierten Vorgaben für die Bauausführung kann die Entscheidungshilfe weiterentwickelt werden, um spezifische Ausführungsvarianten der bisher allgemein gehaltenen Maßnahmen auszuarbeiten. Hierzu kann das methodische Vorgehen aus dieser Arbeit als Grundlage genutzt werden. Anhand einer umfassenden Literaturrecherche sowie durch Interviews können die unterschiedlichen Ausführungsvarianten der Maßnahmen analysiert und verifiziert werden. So kann ein detaillierter Maßnahmenkatalog erstellt werden, der wie in dieser Arbeit durch eine Bewertungsmatrix als Entscheidungsgrundlage unterstützt wird.

Darüber hinaus wird in dieser Arbeit ein grober Kostenrahmen für die Maßnahmen dargestellt, da die genauen Kosten in der frühen Projektentwicklungsphase noch nicht konkret ermittelt werden können. Des Weiteren werden die Wartungs- und Betriebskosten nicht näher betrachtet. Eine detaillierte Kosten-Nutzen-Analyse mit einer präzisen Kostenaufschlüsselung der verschiedenen Umsetzungsvarianten erleichtert die Entscheidungsfindung und Umsetzung der Maßnahmen.

Das Konzept der Schwammstadt, insbesondere das Regenwassermanagements ist in der Regierung sowie in den Bauvorschriften und -gesetzen noch nicht ausreichend berücksichtigt [2]. Dabei können Vorschriften und Gesetze ein wichtiger Hebel für die Förderung des Konzepts in der Bauwirtschaft sein. Auch von den Interviewpartnern wird dabei Verbesserungspotenzial gesehen. Eine Verankerung des Schwammstadt-Konzepts in Bauvorschriften kann die Umsetzung des Konzepts fördern und die Bauwirtschaft zu klimaresilienteren Lösungen lenken.

Die Interviewpartner wurden in den Gesprächen gebeten, mögliche zukünftige Entwicklungen aufzuzeigen. Hierbei wird das gemeinschaftliche Regenwassermanagement als innovativer Gedanke hervorgehoben. Dabei kann das gesammelte und gespeicherte Wasser, welches auf einem Grundstück anfällt, für ein anderes Grundstück genutzt werden. Eine weiterführende Forschungsarbeit zu diesem Thema könnte wertvolle Erkenntnisse über die Vorteile und Umsetzungsmöglichkeiten dieser grundstücksübergreifenden Lösung liefern. Interviews können dabei Aufschluss darüber geben, in welchem

Umfang eine gemeinschaftliche Lösung möglich ist und wie das Thema von den Akteuren akzeptiert wird.

Das Thema bietet insgesamt ein erhebliches Potenzial für zukünftige Forschungsprojekte, die zur verstärkten Integration des Konzepts in der privaten Bauwirtschaft beitragen können.

Literatur

1. *BDEW-Bundesverband der Energie- und Wasserwirtschaft e.V.:* Das Schwammstadtkonzept macht unsere Städte resilienter – Der BDEW im Interview mit Dr. Darla Nickel, Leiterin der Berliner Regenwasseragentur, https://www.bdew.de/service/publikationen/das-schwammstadtkonzept-macht-unsere-staedte-resilienter/ [Zugriff am: 05.07.2024].
2. *Bund für Umwelt und Naturschutz Deutschland e.V.:* Schwammstadt – Dezentrale Regenwasserbewirtschaftung, https://www.bund-berlin.de/themen/stadtnatur/stadtwasser/schwammstadt/ [Zugriff am: 05.07.2024].

Interviewleitfaden und Fragen:

Förderung des Schwammstadt-Konzepts in der privaten Bauwirtschaft

Bachelorthesis	„Regeneratives Wassermanagement und Bauwerksbegrünung – Einflussmöglichkeiten für ein nachhaltigeres Wohnquartier"
Interviewerin:	Lena Jourdan
Interviewpartner:	

I   Begrüßung und Einstieg

Vielen Dank, dass Sie sich die Zeit nehmen meine Interviewfragen zu beantworten. Mein Name ist Lena Jourdan, ich bin 25 Jahre alt und studiere Bauingenieurwesen an der DHBW Mosbach.

Derzeit schreibe ich meine Bachelorarbeit mit dem Titel „Regeneratives Wassermanagement und Bauwerksbegrünung – Einflussmöglichkeiten für ein nachhaltigeres Wohnquartier". In meiner Arbeit untersuche ich die Förderung der Integration des Schwammstadt-Konzepts in die private Bauwirtschaft.

In den letzten Jahren haben Berichte über Starkregenereignisse, Überschwemmungen sowie lange Hitzeperioden und Dürren zugenommen. Trotz der Notwendigkeit sind die Maßnahmen der Schwammstadt, vor allem in der privaten Bauwirtschaft, noch nicht weit verbreitet. Deshalb möchte ich die Einflussmöglichkeiten untersuchen, um die Integration dieser Maßnahmen zu fördern.

Ziel meiner Arbeit ist die Entwicklung einer Planungs- und Entscheidungshilfe, um die Maßnahmen (Versickerungs-, Verdunstungs- und Speichermaßnahmen sowie Bauwerksbegrünung) des Konzepts optimal in die Planung und Umsetzung neuer Bauprojekte einzubinden. In dieser Planungshilfe sollen die passenden Maßnahmen für das jeweilige Projekt aufgrundlage der lokalen Voraussetzungen und der ausgewählten Kriterien bestimmt werden. Ziel der Interviews ist es, Kriterien und gewünschte Effekte zur Bewertung der umzusetzenden Maßnahmen zu identifizieren, sowie Unterstützungsmöglichkeiten in der Planung zu finden. Die Bewertungskriterien sollen auf die Bedürfnisse der privaten Bauwirtschaft ausgelegt sein, sodass die praxisnahe Bewertung der Kriterien eine realistische Planungshilfe ermöglicht.

Für die qualitative Datenauswertung würden wir das Interview gerne aufzeichnen und transkribieren. Sind Sie damit einverstanden? Die Ergebnisse werde ich im Anschluss im Rahmen meiner Bachelorarbeit auswerten und aufbereiten. Die Ergebnisse werden nur aggregiert und anonym verwendet. Sollten ich mich namentlich auf Sie beziehen wollen, frage ich vorher nach Ihrem Einverständnis.

II   Zur Person und dem Bezug zum Thema

1. **Bitte beschreiben Sie bitte kurz zum Einstieg, wer Sie sind und wo Sie arbeiten.**

2. **Welchen Bezug haben Sie zum Thema „Schwammstadt"?**

III   Allgemeine Fragen

3. **Haben Sie bereits Erfahrungen mit privaten Bauprojekten, die das Konzept der Schwammstadt beinhalten?**

   Welche Erfahrungen und Widerstände sind Ihnen in der Planung oder Umsetzung begegnet? Welche positiven Aspekte hatten die Projekte?

4. **Welche Maßnahmen erachten Sie als besonders wirkungsvoll für die Integration des Konzepts in die private Bauwirtschaft?**

   Welche Maßnahmen, bezogen auf die Bauwerksbegrünung und Maßnahmen des Regenwassermanagements, eignen sich Ihrer Meinung nach am besten für die Umsetzung in einem Wohnquartier?

IV   Randbedingungen

5. **Gibt es Randbedingungen, die die Maßnahmen des Schwammstadt-Konzeptes erschweren oder die besonders beachtet werden sollen?**

6. **Welche lokalen Gegebenheiten und Voraussetzungen sollten bei der Umsetzung des Konzeptes bei einem Projekt berücksichtigt werden?**

V   Maßnahmeneffekte und -kriterien

7. **Was sind Ihrer Meinung nach die Intentionen und Absichten für die Umsetzung des Schwammstadt-Konzepts in der privaten Bauwirtschaft?**

   Welche Gründe könnten private Bauherren haben, das Konzept in ihren Projekten umzusetzen?

8. **Welche Kriterien halten Sie für besonders wichtig bei der Bewertung der einzelnen Maßnahmen des Schwammstadt-Konzepts?**

   Anhand dieser Kriterien werden die verschiedenen Maßnahmen bewertet. Dadurch können in Kombination mit den lokalen Voraussetzungen die geeigneten Maßnahmen für das jeweilige Projekt identifiziert werden.

   Beispielhafte Maßnahmen des Schwammstadt-Konzeptes:
   Bauwerksbegrünung (Dach und Fassade), Versickerungsmöglichkeiten (Mulden, Rigolen), Speichermöglichkeiten mit anschließender Nutzung (Regenwassernutzung), Retention, Verdunstungsmaßnahmen, Entsiegelungsmaßnahmen.

   Beispiele zur Auswahl der Kriterien:
   - Steigerung Biodiversität
   - Mikroklima fördern
   - Freiraumqualität fördern

   - Investitionskosten und Betriebskosten
   - Wartungsaufwand
   - Wasserspeicherung und -nutzung
   - Verringerung Oberflächenabfluss

- Einsparung von Trinkwasserkosten
- Einsparung von Abwasserkosten
- Einsparung von Energiekosten

VI   Unterstützungsmöglichkeiten

9. **Welche Unterstützungsmöglichkeiten oder Planungshilfen könnten bei der Planung und Umsetzung der Maßnahmen hilfreich sein?**

10. **Welche Informationen sollten in einer Planungshilfe enthalten sein, um bei der Entscheidung für geeignete Maßnahmen zu helfen?**

VII   Abschließende Frage

Wir nähern uns langsam dem Ende unseres Gesprächs. Eine abschließende Frage habe ich noch vorbereitet:

11. **Gibt es derzeit innovativen Technologien im Bereich des Wassermanagements und der Bauwerksbegrünung, die besonders vielversprechend sind?**

VII   Abschluss

Wir sind durch mit unseren Fragen – haben Sie noch etwas, über das wir noch nicht gesprochen haben?

Im Zuge meiner Bachelorarbeit werde ich das durchgeführte Interview transkribieren und im Anschluss mit auswerten.

Sollte Ihnen noch etwas Wichtiges einfallen, können Sie sich gerne melden. Ich danke Ihnen herzlich für Ihre Zeit!

Vielen Dank für das Gespräch und Ihre Perspektive auf das Thema.

A2 Anhang 2

Entscheidungshilfe zur Auswahl geeigneter Maßnahmen des Schwammstadt-Konzepts

Checkliste 1: Abklärungspunkte zur Auswahl von Maßnahmen

Der erste Schritt besteht darin, alle relevanten Rahmenbedingungen zu ermitteln, die vor der Auswahl von Maßnahmen geklärt werden müssen. Hierzu werden die Abstimmungspunkte in einer Checkliste festgehalten. Diese Abstimmungspunkte dienen der Identifikation der Gegebenheiten des Grundstücks und der Definition und Priorisierung der gewünschten Effekte der Maßnahmen.

Bewertungsmatrix

In der Bewertungsmatrix werden potenzielle Maßnahmen, ihre lokalen Voraussetzungen sowie die erwarteten Effekte und Kosten zusammengefasst. Diese Matrix dient dazu, die Optionen basierend auf den Gegebenheiten des Projekts zu bewerten.

Entscheidungsmatrix

Die Entscheidungsmatrix dient dazu die Effekte anhand der definierten Prioritäten zu gewichten und die geeignetsten Maßnahmen für das vorliegende Bauvorhaben auszuwählen.

Basierend auf den in Checkliste 1 definierten Prioritäten wird eine Gewichtung der Effekte vorgenommen. Diese Gewichtung mit den Werten 1-6 werden in die dunkelblaue Zeile der Matrix eingetragen. Die Gewichtung wird mit den Bewertungsangaben der Maßnahmen multipliziert. Die Ergebnisse werden anschließend zusammengerechnet. Das Gesamtergebnis zeigt auf, welche Maßnahmen am geeignetsten für das Bauvorhaben sind.

Checkliste 2: Abklärungspunkte für das weitere Vorgehen

Nach der Auswahl der Maßnahmen aus der Entscheidungsmatrix gibt es weitere Abstimmungspunkte, um die Maßnahmen erfolgreich in die Planung und Umsetzung des Bauvorhabens zu integrieren. Diese Punkte werden in Checkliste 2 festgehalten.

© Der/die Herausgeber bzw. der/die Autor(en), exklusiv lizenziert an Springer Fachmedien Wiesbaden GmbH, ein Teil von Springer Nature 2025
L. Jourdan, *Schwammstadt-Konzept*, Entwicklung neuer Ansätze zum nachhaltigen Planen und Bauen, https://doi.org/10.1007/978-3-658-48366-1

Abstimmungspunkte	Erledigt	In Bearbeitung	offen	Nicht relevant	Anmerkungen
Anforderungen: Bebauungsplan Überprüfen, welche Vorgaben im Bebauungsplan enthalten sind und welche davon zwingend umzusetzen sind.	☐	☐	☐	☐	
Anforderungen: Baugenehmigung Überprüfen, ob eine Baugenehmigung für das Bauvorhaben vorliegt und welche Maßnahmen darin gefordert werden.	☐	☐	☐	☐	
Festlegungen: Entwässerungsgesuch Überprüfen, welche Vorgaben und Anforderungen im Entwässerungsgesuch enthalten sind.	☐	☐	☐	☐	
Bodengutachten Bodengutachten anfordern, für Informationen zu Versickerungsfähigkeit, Grundwasserstand und Altlasten.	☐	☐	☐	☐	
Topografie / Platzverhältnisse Die Topografie verfügbaren Flächen für die Planung der Maßnahmen zu analysieren.	☐	☐	☐	☐	
Anforderungen an das Gebäude Anforderungen des Gebäudes und der Außenanlagen prüfen und deren Einfluss auf die Maßnahmenauswahl bewerten.	☐	☐	☐	☐	
Stakeholder einbeziehen Relevante Stakeholder ermitteln und in den Entscheidungsprozess einbeziehen, um ihre Interessen zu berücksichtigen	☐	☐	☐	☐	
Finanzieller Rahmen Finanziellen Rahmen für die umzusetzenden Maßnahmen des Schwammstadt-Konzepts bestimmen	☐	☐	☐	☐	
Gewünschte Effekte priorisieren Bestimmen, welche Effekte und in welcher Priorisierung die Maßnahmen erreichen sollen.	☐	☐	☐	☐	

Kategorie	Maßnahme	Lokale Gegebenheiten							Effekte						Kosten [€/m²·a]
		Flachdach	Steildach	Starke Verschattung	Hanglage	Geringes Flächenpotenzial	Geringe Versickerungsfähigkeit	Hoher Grundwasserstand	Biodiversität	Mikroklima	Freiraumqualität	Verringerung Oberflächenabfluss	Geringer Wartungsaufwand	Investitionskosten	
Begrünung	Dachbegrünung: extensiv	möglich	bedingt möglich	möglich	möglich	möglich	möglich	möglich	++	+	+	++	- -	- -	0,52 – 5,63
	Dachbegrünung: intensiv	möglich	nicht möglich	möglich	möglich	möglich	möglich	möglich	+++	++	+++	+++	- - -	- - -	0,22 – 21,63
	Fassadenbegrünung bodengebunden	möglich	möglich	nicht möglich	möglich	möglich	möglich	möglich	+++	+++	+++	+	- -	- -	0,02 – 4,11
	Fassadenbegrünung wandgebunden	möglich	möglich	nicht möglich	möglich	möglich	möglich	möglich	+++	+++	+++	+	- - -	- - -	9,95 – 86,52
Nutzung	Regenwassernutzung *	bedingt möglich	möglich	möglich	möglich	bedingt möglich	möglich	möglich				+++	- -	- -	0,04 – 36,35
Versickerung	Flächenversickerung	—	—	möglich	nicht möglich	nicht möglich	nicht möglich	bedingt möglich	+	++	++	+++	-	-	0,00 – 0,43
	Muldenversickerung	—	—	möglich	bedingt möglich	möglich	nicht möglich	bedingt möglich	+	+	+	+++	-	-	0,04 – 0,43
	Rigolenversickerung *	—	—	möglich	bedingt möglich	bedingt möglich	möglich	nicht möglich				+++	-	-	0,30 – 1,19
	Mulden-Rigolen-Systeme *	—	—	möglich	bedingt möglich	möglich	möglich	nicht möglich	+	+	+	+++	- -	-	0,30 – 1,19
Wasserfläche	Retentionsflächen	—	—	möglich	nicht möglich	bedingt möglich	möglich	möglich	+++	+++	+++	++	- -	-	0,95 – 2,64

* Flächenpotenzial im Untergrund

Legende:

Möglich | bedingt möglich | nicht möglich

+++ hoher postiver Effekt
++ moderater postiver Effekt
+ geringer postiver Effet
0 kein Effekt

- - - hoher negativer Effekt
- - moderater negativer Effekt
- geringer negativer Effekt

Kategorie	Maßnahme	Bewertung der Effekte						Priorisierung der Effekte (Gewichtung)						Gesamt-ergebnis
		Biodiversität	Mikroklima	Freiraumqualität	Verringerung Oberflächenabfluss	Wartungsaufwand	Kosten	Biodiversität	Mikroklima	Freiraumqualität	Verringerung Oberflächenabfluss	Wartungsaufwand	Kosten	
Begrünung	Dachbegrünung: extensiv	2	1	1	2	-2	-2							
	Dachbegrünung: intensiv	3	2	3	3	-3	-3							
	Fassadebegrünung: bodengebunden	3	3	3	1	-2	-2							
	Fassadebegrünung: wandgebunden	3	3	3	1	-3	-3							
Nutzung	Regenwassernutzung	0	0	0	3	-2	-2							
Versickerung	Flächenversickerung	1	2	2	3	-1	-1							
	Muldenversickerung	1	1	1	3	-1	-1							
	Rigolenversickerung	0	0	0	3	-1	-1							
	Mulden-Rigolen-Systeme	1	1	1	3	-2	-1							
Wasserfläche	Retentionsfläche	3	3	3	2	-2	-1							

Abstimmungspunkte	Erledigt	In Bearbeitung	offen	Nicht relevant	Anmerkungen
Genehmigungen einholen Überprüfen, ob Genehmigungen für die Umsetzung der ausgewählten Maßnahmen eingeholt werden müssen.	☐	☐	☐	☐	
Beteiligung der Behörden Beteiligung der Behörden in den Planungsprozess, um wichtige Aspekte der Kommune zu berücksichtigen.	☐	☐	☐	☐	
Fördermöglichkeiten prüfen Ermitteln, welche Förderungen für die geplanten Maßnahmen existieren und Anforderung für die Beantragung prüfen.	☐	☐	☐	☐	
Starkregengefahr berücksichtigen Informationen zur Starkregengefahr bei der zuständigen Kommune einholen und in die Planung einfließen lassen.	☐	☐	☐	☐	
Maßnahmen in Planung integrieren Die ausgewählte Maßnahmenkombination in der Planungsphase berücksichtigen und in die Planung integrieren.	☐	☐	☐	☐	
Fachplaner hinzuziehen Fachplaner für die Planung der Maßnahmen beauftragen, um deren Expertise miteinzubringen.	☐	☐	☐	☐	

Stichwortverzeichnis

MIX
Papier aus verantwortungsvollen Quellen
Paper from responsible sources
FSC® C105338

If you have any concerns about our products,
you can contact us on
ProductSafety@springernature.com

In case Publisher is established outside the EU,
the EU authorized representative is:
**Springer Nature Customer Service Center GmbH
Europaplatz 3, 69115 Heidelberg, Germany**

Printed by Libri Plureos GmbH
in Hamburg, Germany